KB187359

극지과학자가 들려주는

불타는 얼음 이야기

그림으로 보는 극지과학 시리즈는 극지과학의 대중화를 위하여 극지연구소에서 기획하였습니다. 극지연구소Korea Polar Research Institute, KOPRI는 우리나라 유일의 극지 연구 전문기관으로, 극지의 기후와 해양, 지질 환경을 연구하고, 극지의 생태계와 생물자원을 조사하고 있습니다. 또한 남극의 '세종과학기지'와 '장보고과학기지', 북극의 '다산과학기지', 쇄빙연구선 '아라온'을 운영하고 있으며, 극지 관련 국제기구에서 우리나라를 대표하여 활동하고 있습니다.

일러두기

- 인명과 지명은 외래어 표기법을 따랐다. 하지만 일반적으로 쓰이는 경우에는 원어 대신 많이 사용하는 언어로 표기했다.
- 용어는 책의 내용과 직접 관련있는 경우에는 본문에서 설명하였고, 주제와 관련이 적거나 추가 설명이 필요한 용어는 책 뒷부분에 따로 실었다.
- 참고문헌은 책 뒷부분에 밝혔다.
- 책과 잡지는《 》, 글과 영화는〈 〉로 구분했다.

그림으로 보는 극지과학 12

극지과학자가 들려주는

불타는 얼음 이야기

차례

4장 얼음의 땅에 숨겨진 불타는 얼음을 찾아서

들어가는 글

'불타는 얼음', 뜨거움과 차가움을 나타내는 대표적인 단어인 불과 얼음을 이름에 함께 가진 이상한 물질이 지구상에 있다. 이 물질은 얼음과 겉모양이 같지만, 불을 붙이면 타오른다. 손바닥에 올려놓으면 시리게 차갑지만, 불을 붙이면 뜨거운 불꽃을 뿜는다. 아래 손바닥은 차갑고 위 불꽃은 뜨겁다. 신화나 판타지 소설에나 나옴직한 이 '불타는 얼음'의 정식 이름은 가스하이드레이트gas hydrate이다. 자연에 존재하는 물질 중에 20세기 후반에야 지구상에서 발견된 가장 신기한 물질 중 하나일 것이다.

어떻게 차가운 얼음에서 불꽃이 타오르는 걸까? 사실 속이 꽉 차 보이는 얼음의 결정구조를 분자 크기로 자세히 보면 물분자들이 만든 결정구조 안에 빈 공간이 많다. 수소H, 이산화탄소CO_2, 메탄CH_4 등 다양한 기체 분자들이 이 공간에 들어갈 수 있다. 물분자들이 만든 새장 속에 기

그림 0-1

'불타는 얼음' 가스하이드레이트.

체 분자가 새처럼 들어가 있는 것을 상상하면 된다.

이렇게 물분자 속에 가스가 들어가서 만들어지는 얼음을 모두 가스하이드레이트라고 부른다. 지구의 자연상태에서 발견되는 가스하이드레이트의 대부분은 메탄이 들어가서 만들어진 메탄 하이드레이트이다.

그래서 우리가 흔히 사용하는 가스하이드레이트라는 용어는 메탄 하이드레이트를 말한다. 메탄은 우리가 주방에서도 사용하고 버스에서도 사용하는 천연가스의 주성분이다. 가스하이드레이트에 불을 붙이면 얼음이 녹으면서 그 안에 있던 메탄이 타 불꽃을 일으킨다. 이것이 바로 '불타는 얼음'의 비밀이다.

가스하이드레이트는 메탄이 충분하고 온도와 압력 조건이 맞으면 지구상 어느 곳에서나 존재할 수 있다. 얼음의 일종이기 때문에 차가운 온도가 필요하지만, 압력이 높아지면 온도가 높아도 만들어진다. 차가운 바다 밑, 추운 극지와 고산지대의 영구동토층이 이런 조건을 충족하는 곳이다. 우리나라 동해를 포함한 전 세계 바다와, 북극과 티베트의 고산지대 영구동토층에서 가스하이드레이트가 발견되었다.

20세기 후반에 가스하이드레이트의 존재가 세계 여기저기에서 확인되면서 이 '불타는 얼음'이 지구상에 엄청나게 많다는 사실이 알려졌다. 얼마나 많은가? 1990년대에는 가스하이드레이트의 매장량이 전 지구상의 화석연료(석유, 가스, 석탄 등) 총량의 2배를 넘을 것으로 추정되었다. 현재는 좀더 정밀한 연구와 많은 탐사를 통해 추정 매장량이 줄어들고 있지만, 여전히 엄청난 양의 가스하이드레이트가 지구상에 매장되어 있는 것으로 추정된다. 우리나라 동해 울릉분지에도 천연가스로 환산할 때 6억 톤 가량의 가스하이드레이트가 묻혀 있다. 우리나라가 약 20년 동안 쓸 수 있는 매장량이라고 한다.

가스하이드레이트는 개발하여 사용하면 천연가스처럼 청정에너지로 사용할 수 있다. 석유와 가스가 점차 부족해지는 상황에서 막대한 양의 새로운 에너지원이 등장한 것이다. 하지만 가스하이드레이트는 또 다른 얼굴을 가지고 있다. 가스하이드레이트에 들어 있는 메탄은 이산화탄소에 비해 약 25배나 강력한 온실가스이다. 과학자들은 지금처럼 지구가 급격하게 따뜻해진다면 막대한 양의 가스하이드레이트가 녹아서 그 속에 들어 있는 메탄이 방출될 것이라고 우려하고 있다. 메탄은 강력한 온실가스이기 때문에, 가스하이드레이트에서 방출된 메탄이 대기로 올라가면 지구온난화를 가속시키는 시한폭탄이 될 수도 있다.

세계 여러 지역에 가스하이드레이트가 분포하고 있지만, 지구상에서 가장 추운 극지는 가스하이드레이트가 존재하기 가장 좋은 지역이다. 북극에만 전 세계 가스하이드레이트의 약 15%가 매장되어 있고, 남극대륙에도 수천 미터의 두꺼운 빙상 아래에 막대한 양의 가스하이드레이트가 존재하고 있는 것으로 추정되고 있다. 극지연구소에서는 1990년대부터 남극, 오호츠크해, 북극에서 가스하이드레이트를 찾는 해저탐사를 수행하고 있다.

이제 '불타는 얼음' 가스하이드레이트에 대해서 본격적으로 알아보자. 먼저 1장에서는 가스하이드레이트가 무엇인지, 어디에 있는지, 얼마나 있는지 살펴볼 것이다. 2장과 3장에서는 지구온난화의 시한폭탄과 미래의 에너지 자원이라는 가스하이드레이트의 두 얼굴에 대해 자세히 살펴보고, 마지막으로 4장에서는 우리 연구팀이 바다얼음이 떠다니는 차가운 바다에서 가스하이드레이트를 찾아가는 해저탐사에 동행해보자.

1장

불타는 얼음, 가스하이드레이트

얼음처럼 차갑지만, 불을 붙이면 불꽃을 뿜으며 타오르는 신비한 물질, 가스하이드레이트. '불타는 얼음'이라고도 불리는 신비한 이 물질은 20세기 후반에야 지구상에서 처음으로 발견되었습니다.
가스하이드레이트는 어떤 물질이고, 어떻게 처음 발견되었는지, 왜 그토록 신비한 특성을 갖고 있는지, 그리고 어디에 존재하는지 차근차근 알아볼까요?

1. 가스하이드레이트란 무엇인가요?

가스하이드레이트gas hydrate는 온도가 낮고 압력이 높은 조건에서 물과 기체 분자가 만나 얼음처럼 형성되는 결정질 화합물crystalline compounds을 말한다. 화학적으로 정확한 이름은 '클라스레이트 하이드레이트 clathrate hydrate'이다. 번역하면 '가스포접수화물'이라고 한다.

클라스레이트 하이드레이트라는 말은 어떤 분자가 만드는 결정 격자 구조crystal lattice 안에 작은 분자들이 포획되어서 형성되는 화합물을 뜻한다. 이때 하이드레이트는 물과 결합하여 만들어진 화합물을 말하며, 번역해서 수화물이라 한다. 탄수화물carbohydrate은 우리가 많이 듣는 대표적인 수화물이다. 따라서 '가스하이드레이트'란 이름을 풀어 말하면, 물이 만드는 결정 격자 구조 안에 기체 분자가 들어가서 만드는 화합물이라는 뜻이다.

일반적으로는 가스하이드레이트, 클라스레이트 하이드레이트, 또는 간략하게 하이드레이트라고 한다. 번역해서 기체수화물이나 가스수화물 등으로 부르기도 한다. 근래에는 국내 학계나 언론에서 가스하이드레이트란 용어로 가장 많이 쓰고 있기 때문에, 이 책에서도 가스하이드레이트 또는 하이드레이트를 사용했다.

그리고 지구상 자연상태에서 발견되는 가스하이드레이트는 대부분 메탄methane이 들어 있는 메탄 하이드레이트methane hydrate이기 때문에, 앞으로 이 책에서 다루는 가스하이드레이트는 메탄 하이드레이트를 지칭한다.

물의 결정 격자 구조 안에 기체 분자가 들어가서 만드는 화합물

그림 1-1은 가스하이드레이트의 결정구조를 보여준다. 빨간색 산소 원자와 하얀색 수소 원자로 이루어진 물분자H_2O들이 결합해서 속이 비어 있는 새장 모양의 얼음 결정구조를 만든다. 가운데 비어 있는 동공cage 속에는 탄소 원자(회색)와 수소 원자(녹색)로 이루어진 메탄 분자CH_4가 들어 있다. 마치 새장 속에 녹색 잉꼬새가 들어 있는 모습을 연상할 수 있다.

수소, 이산화탄소, 탄화수소(에탄, 부탄, 프로판 등) 가스 등 여러 종류의 기체들이 이 동공에 들어가서 다양한 종류의 가스하이드레이트를 만들 수 있다. 단, 얼음 결정구조가 만드는 동공 크기보다 작은 기체 분

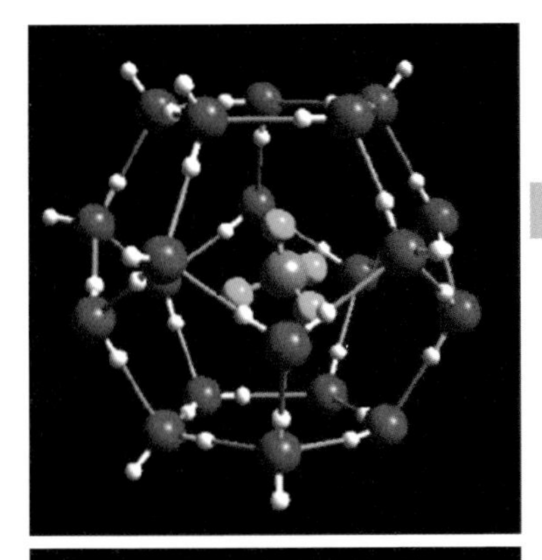

그림 1-1

가스하이드레이트의 결정구조. 물분자가 격자를 만들고 메탄 분자가 동공 안에 들어 있는 모습을 볼 수 있다. 수소 원자(하얀색, 녹색 구체), 산소 원자(빨간색 구체), 탄소 원자(회색 구체) (출처, https://people.wou.edu/~courtna/Energy/Gas_Hydrates.html).

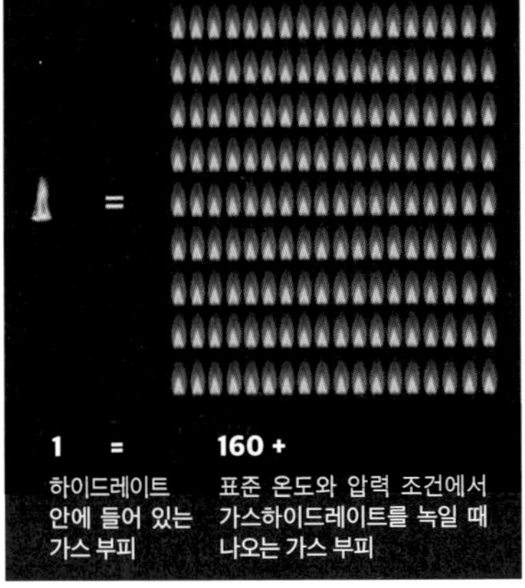

그림 1-2

가스하이드레이트가 녹으면 약 160배 부피의 메탄을 방출한다.

자들만이 들어갈 수 있다. 수소 분자가 들어갈 경우에는 이 동공의 절반 정도를, 메탄 분자는 약 80%를 차지한다.

가스하이드레이트 안에는 메탄이 굉장히 압축되어 들어 있다. 가스하이드레이트가 녹으면, 표준상태(온도 0℃, 압력 1기압)에서는 같은 부피의 0.8배의 물과 약 160배에 달하는 메탄을 방출한다(그림 1-2). 천연가스

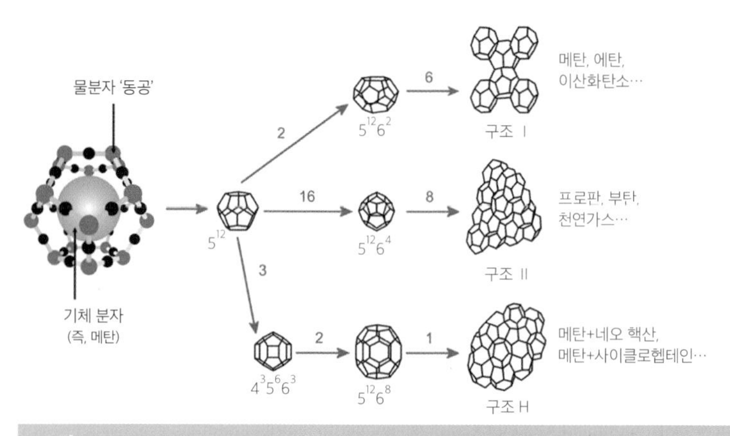

그림 1-3

가스하이드레이트 구조(출처 : https://www.pet.hw.ac.uk/research/hydrate/images/hydrates/structures_large.jpg).

를 대기압에서 −162℃로 액화하여 600배로 압축시켜 저장하는 액화 천연가스LNG와 비교할 만하다.

이제 가스하이드레이트에 불을 붙여보자. 열에 의해 얼음 분자가 녹고, 안에 있는 메탄이 불에 타면서 강한 불꽃을 만들어낸다. 이 때문에 가스하이드레이트는 '불타는 얼음fiery ice'이라 불린다.

기체의 종류에 따라 모양과 크기 달라

자연계에서 발견되는 가스하이드레이트는 기체의 종류에 따라 동공의 모양이나 크기가 다르다. 메탄이나 탄화수소 기체로 이루어진 하이드레이트에서 가장 많이 나타나는 구조는 구조I과 구조II이다. 가장 작은 단위인 구조I은 46개의 물분자가 2개의 작은 동공과 6개의 큰 동공을 만드는 결정구조이다. 4.2에서 6Å옹스트롬, 10^{-10}m 크기의 메탄이나 이산화탄소 등의 기체들이 들어갈 수 있다. 6에서 7Å로 좀 더 크기가 큰 프로판C_3H_8이나 부탄C_4H_{10} 같은 기체들은 구조II 결정구조를 만든다. 구조II는 136개의 물분자가 16개의 작은 동공과 8개의 큰 동공을 형성한다.

자연상태에서 존재하는 세 번째 구조는 작은 크기의 기체 분자뿐만 아니라 7에서 9Å의 더 큰 액체 탄화수소 분자를 포함할 수 있는 구조H이다. 구조H는 34개의 물분자가 3개의 작은 동공, 그리고 새로운 크기를 갖는 2개의 작은 동공과 1개의 큰 동공을 가진 결정구조이다.

지금까지 지구상에서 발견된 가스하이드레이트의 대부분은 구조I 하이드레이트이다. 구조II 하이드레이트는 드물게 발견되며, 최근에 구조H 하이드레이트가 발견되었다는 보고가 있다.

가스하이드레이트의 세계는 매우 다양하고 복잡하다. 실험실에서는 자연계와 달리 온갖 기체와 액체를 이용하여 매우 흥미진진한 가스하이드레이트들을 만들 수 있다. 수소, 헬륨He, 질소N 같은 기체가 하이드레이트를 형성한다는 사실을 알게 된 것도 오래되지 않았다. 이들 기체들이 하이드레이트를 만들기 위해서는 메탄 하이드레이트보다 훨씬 높은 압력이 필요하다. 예를 들면 절대온도 273K(=0℃)일 때 메탄 하이드레이트는 2.6MPa메가파스칼, 약 9.87기압의 압력에서 만들어지지만, 수소 하이드레이트는 400MPa나 되는 고압에서 만들어진다.

하이드레이트는 공기 분자로도 만들어진다. 높은 압력이 필요하기 때문에 지구 표면에서는 발견되지 않고, 지구상에서는 극지의 빙상 속에서만 존재한다. 남극이나 그린란드의 빙상은 두께가 수천 미터에 이르기 때문에 빙상 깊이가 깊어지면 압력이 증가하고 차가운 온도 때문에 빙상 속에 갇혀 있던 공기가 하이드레이트를 만든다. 빙상의 깊이는 과거 시간과 관련시킬 수 있고 공기는 과거 대기 상태를 직접적으로 알려주는 기록이기 때문에, 일정한 빙상 깊이에서 채집된 공기 하이드레이트를 잘 분석하면, 그 당시의 지구 환경을 복원하는 데에 매우 유용하다.

미래 청정에너지인 수소를 저장하기 위한 연구도 진행 중

테트라하이드로퓨란tetrahydrofuran, THF과 같은 유기물질은 대기압 조건에서 구조II 하이드레이트를 형성하기 때문에 다양한 분야에 응용할 수 있어서 실험실 연구가 활발히 이루어지고 있다. THF는 다른 기체가 하이드레이트를 만들 때 형성 조건을 대폭 완화해주고(즉, 온도를 높게, 그리고 압력을 낮게), 생성 속도를 증가시켜주는 촉진제 역할을 한다.

특히 수소 하이드레이트를 만드는 데 유용하다. 수소 하이드레이트는 미래의 청정에너지로 주목받고 있는 수소를 저장하는 매체로 사용할 수 있기 때문에 많은 관심을 모으고 있지만, 수소 하이드레이트를 만들기 위해서는 아주 높은 압력이 필요해 실용화가 어렵다. THF를 이용해서 수소 하이드레이트를 만들면 압력을 대폭 낮춰줄 수 있지만, THF가 구조II 하이드레이트의 큰 동공을 차지하기 때문에 수소가 들어갈 공간이 적어진다는 단점이 있다. 현재 이런 문제를 해결해서 더 많은 양의 수소를 저렴하게 저장하기 위해 과학자들이 다양한 연구를 진행하고 있다.

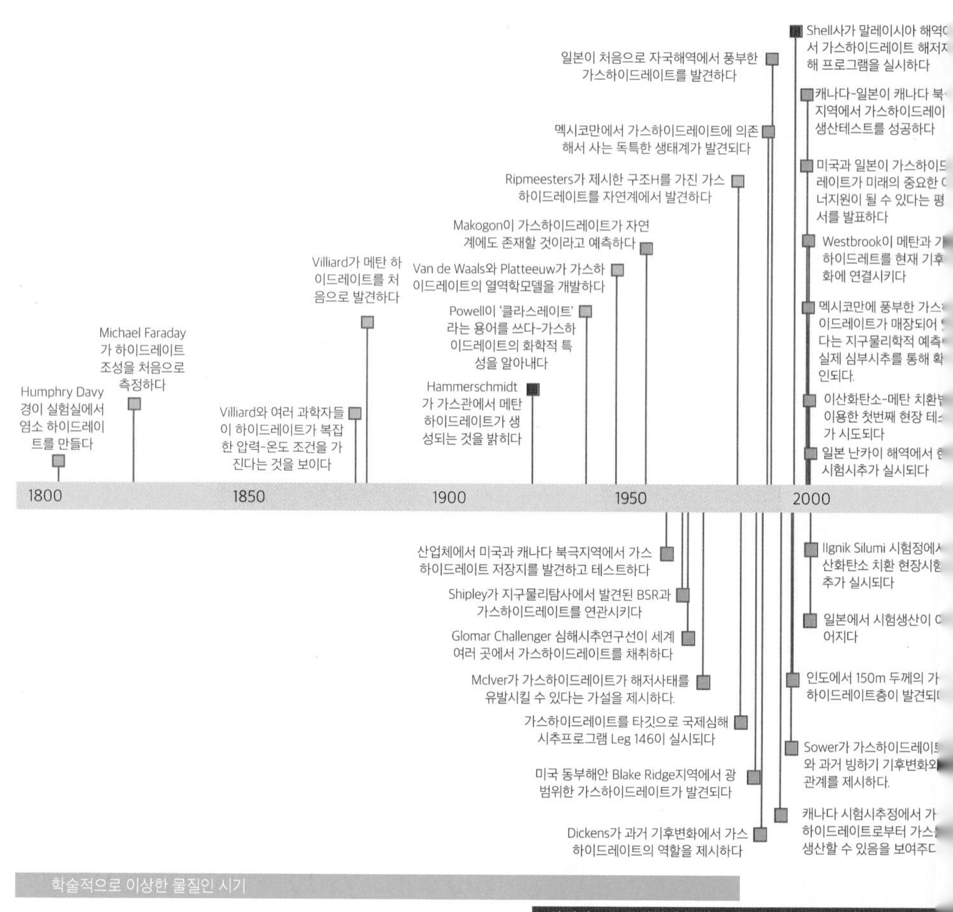

그림 1-4

주요 가스하이드레이트의 발견과 연구 역사.

2. 가스하이드레이트는 어떻게 발견되었나요?

눈으로 보아도 손으로 만져보아도 차가운 얼음이지만, 불을 붙이면 강한 불꽃을 내며 타는 '불타는 얼음' 가스하이드레이트는 연금술 시대가 저물어가고 화학의 시대가 열리던 1810년 어느 날, 세상에 처음으로 등장했다(그림 1-4). 칼슘Ca, 칼륨K, 나트륨Na을 발견한 영국의 저명한 화학자 험프리 데이비 경Sir Humphrey Davy : 1778~1829의 어두운 실험실에서 염소Cl 기체를 이용하여 만들어졌다.

이후에도 가스하이드레이트를 만드는 기체를 찾는 작업이 실험실에서 계속되었다. 많은 화학자들이 브롬Br, 이산화황SO_2, 이산화탄소CO_2 등 다양한 종류의 기체로 만들어진 하이드레이트를 만들어냈다. 현재 자연 상태에서 발견되는 가벼운 탄화수소 기체(메탄, 에탄, 프로판 등)로 형성된 하이드레이트는 1888년에 프랑스 화학자 폴 빌라드Paul Villard : 1910~1974에 의해 발견되었다.

실험실, 가스전에서 처음 발견

오랫동안 실험실에서만 만들어지는 이상한 물질로 남아 있던 가스하이드레이트가 실험실 바깥에서 돌연 발견된 것은 그 후 100년이 훌쩍 지난 20세기 초반이다. 1930년대에 가스전에서 생산된 천연가스를 운송하기 위해 가스관들이 속속 설치되었는데, 얼음 같은 물질이 생겨서 가스관이 막히는 현상이 자주 발생하였다(그림 1-5).

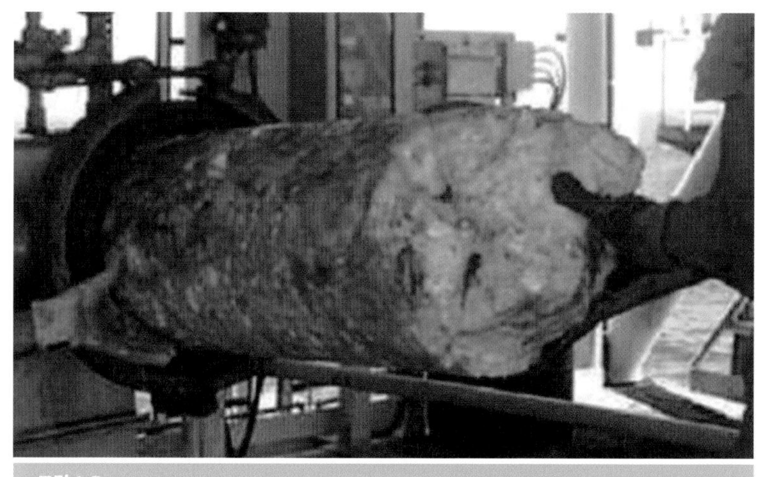

그림 1-5

천연가스 운송관을 막는 가스하이드레이트.

처음에는 이 얼음들이 가스에 포함된 수증기들이 응축되어서 얼어붙어 생긴 것이라고 생각하였다. 하지만 이 얼음들이 영상의 온도에서도 형성되고, 녹이면 천연가스를 방출한다는 사실이 곧 알려졌다. 가스관을 막는 이 골칫덩어리의 정체는 순수한 얼음이 아니라 압력이 높은 가스관 안에서 물과 메탄이 얼어붙어 만들어진 가스하이드레이트로 판명되었다. 안전하게 가스를 운송하기 위해서 반드시 없애야 할 골칫덩이 물실이었다.

실험실이나 가스관 같은 인공적인 환경에서만 만들어진다고 여겨졌던 가스하이드레이트가 자연상태에서 처음 발견된 것은 또 수십 년이 흐른 후였다. 1960년대 러시아 과학자들은 북극의 영구동토층 같은 자연 환경에서 가스하이드레이트가 존재할 수 있다는 것을 알았다. 실제로 1967년 러시아 시베리아 영구동토층 지역의 메소야카 가스전에서 가스가 모두 채굴된 이후에도 1년 동안 50억m^3에 달하는 가스가 하이드레이트로부터 나왔다고 보고되었다. 하지만 서방 과학자들은 메소야카 가스전의 가스하이드레이트에서 나온 가스의 양은 많지 않을 것이라고 추정하였다.

이후 알래스카와 캐나다 북극 맥켄지 삼각주 지역 등을 시작으로 전 세계에서 가스하이드레이트가 속속 발견되었다(그림 1-4). 육상의 영구동토층 지역뿐만 아니라 해저 퇴적층에도 가스하이드레이트가 존재한다는 증거들이 모이기 시작했다. 지구상의 가스하이드레이트를 더 잘 이해하기 위해 체계적인 대규모 해양 심부시추deep drilling 탐사가 진행되었고, 미국 동해안, 멕시코만, 과테말라와 남아메리카의 바다에서 가스하이드레이트가 채취되었다.

21세기로 넘어오면서부터는 자국 안에 매장된 가스하이드레이트를 미래의 자원으로 개발하기 위해 일본, 인도, 캐나다, 미국, 한국, 중국 등 여러 국가들이 대규모 프로젝트를 수행하고 있다. 실제로 2002년과 2008년 캐나다 북극 지역과 2012년 알래스카 북부 사면지역에서 영구동토층 가스하이드레이트 시험생산을 수행하였고, 2013년 일본이 처음으로 해저에서 가스하이드레이트를 채취하는 시추작업에 성공하였다.

가스하이드레이트의 첫 발견자들

1778년 조지프 프리스틀리 경Sir Joseph Priestly이 겨울밤 낮은 기온(약 −8℃)에서 여러 가지 가스가 들어 있는 용액을 얼리는 연구를 하다가, 이산화황과 물이 혼합된 용액에서 얼음이 만들어지는 모습을 관찰했다. 이 관찰이 아마도 가스하이드레이트를 처음으로 발견한 기록이 되겠지만, 프라스틀리 경은 이 발견을 인식하지 못하였고, 1810년 험프리 데이비 경에게 공식적인 가스하이드레이트 발견자의 자리를 내주게 된다. 데이비 경은 런던왕립학회 강의에서 염소 가스와 물을 섞어 얼려서 가스하이드레이트를 만들었다고 공식 발표하였다. 그리고 1823년 마이클 패러데이Michael Faraday가 염소 하이드레이트$Cl_2 \cdot 10H_2O$의 공식을 담은 논문을 영국 왕립협의에 정식으로 제출하였다. 이 세 인물에 대해 알아보자.

조지프 프리스틀리(1733~1804) : 다소 논란은 있지만 흔히 산소의 발견자로 알려진 화학자로 신학자, 성직자, 자연과학자, 교육자이기도 하다.

험프리 데이비(1778~1829) : 나트륨, 칼슘, 칼륨과 같은 여러 알칼리 원소와 알칼리족 금속을 처음 발견하고 염소와 요오드의 기본적인 성질을 밝힌 화학자이자 전기분해화학의 선구자이다. 과학자로서는 영국 최초로 준남작 작위를 받았다(그림 1-6).

마이클 패러데이(1791~1867) : 전자기학과 전기화학 분야 발전에 큰 기여를 한 영국의 물리학자이자 화학자이다. 물리학에서 우리에게 널리 알려져 있는, 직류가 흐르는 도체 주위에 자기장이 발생한다는 패러데이의 발견은 오늘날 전 세계의 전기를 만드는 발전기의 기본 원리가 되었다. 화학자로서 패러데이는 벤젠C_6H_6을 발견하였고, 탄소와 염소의 화합물을

그림 1-6

험프리 데이비

그림 1-7

마이클 패러데이

합성하였으며, 험프리 데이비가 발견한 염소 하이드레이트의 성분을 공식 발표했다(그림 1-7).

(출처 : 위키피디아)

데이비와 패러데이의 만남

가난한 대장장이의 셋째 아들로 태어난 패러데이는 가정형편 때문에 정식 교육을 거의 받지 못하고 스스로 공부를 해야 했다. 다행히 14세부터 7년 동안 책도 팔고 제본도 하는 한 상점의 견습공 생활을 하면서 많은 책을 읽을 수 있었고, 과학에 깊이 빠져 지냈다. 당시만 해도 제본일은 상당히 수입이 좋은 직업인 반면에 과학자는 가장 수입이 적은 직업이었다. 1812년 겨울날, 견습공인 20세의 패러데이를 위대한 과학자로 이끄는 한 통의 편지가 도착했다. 편지를 보낸 사람은 당시 저명한 과학자이자 왕립과학연구소의 인기 있는 강연자였던 험프리 데이비였다.

이 편지는 패러데이가 데이비에게 보낸 360장 분량의 책자에 대한 답장이었다. 패러데이는 일을 하면서도 왕립학회와 왕립과학연구소 등에서 개최하는 강연에 자주 참석하여 어려운 지식들을 독학으로 쌓아갔다. 당시 여러 가지 화학현상을 흥미 있는 실험을 통해 직접 보여주는 데이비의 강연은 청중에게 매우 인기가 높았다. 데이비의 강연에 참석한 패러데이가 데이비가 강연 동안 보여주었던 많은 실험장비와 장면들을 상세하고 깨끗하게 스케치한 책을 데이비에게 보냈다. 과학에 대한 열의가 녹아 있는 이 책에 감동한 데이비가 한번 만나자는 답장을 보낸 것이다.

패러데이는 1813년 데이비의 화학실험 조수가 되어 왕립연구소에서 함께 일하기 시작했다. 이후 1821년에는 전기모터의 원리가 된 전자기 회전에 대한 연구결과를 발표하였고, 1823년에는 염소 하이드레이트의 조성비를 발표하였다. 누군가 데이비에게 당신의 가장 훌륭한 발견이 무엇이냐고 물었을 때 데이비는 바로 '마이클 패러데이'라고 답했다고 한다. 위대한 두 과학자들의 만남이었다.

(출처 : 위키피디아)

3. 가스하이드레이트는 어디에 있나요?

지구상의 많은 곳에 가스하이드레이트가 존재한다. 하지만 어디에나 있는 것은 아니다. 가스하이드레이트가 만들어지기 위해서는 먼저 기본적인 재료인 가스와 물이 필요하다. 이런 재료들이 풍부하게 존재하면서 낮은 온도와 높은 압력을 가진 환경에서 가스하이드레이트가 만들어진다.

우리가 살고 있는 자연환경에서 얼음은 0℃에서 언다. 하지만 가스하이드레이트는 압력이 증가하면 0℃보다 높은 온도에서도 만들어져 얼음 형태를 유지할 수 있다.

지구상에는 가스하이드레이트가 만들어져서 안정되게 존재할 수 있는 특정한 구간이 있는데, 이를 가스하이드레이트 안정영역gas hydrate stability zone : GHSZ이라 한다. 지구상에 어느 곳이 가스하이드레이트 안정영역에 속하는지 알아보자.

1년 내내 영하인 영구동토층과 깊은 해저

가스하이드레이트는 석유나 천연가스처럼 땅속에 있다. 실험실에서 사용하는 온도와 압력이라는 용어를 땅에 적용해보자. 땅속이나 물속 깊이 들어갈수록 땅과 물이 누르는 압력은 더 커진다. 압력은 땅속 깊이와 수심으로 바꿀 수 있다. 온도는 땅속 온도(지온)와 물속 온도(수온)가 된다.

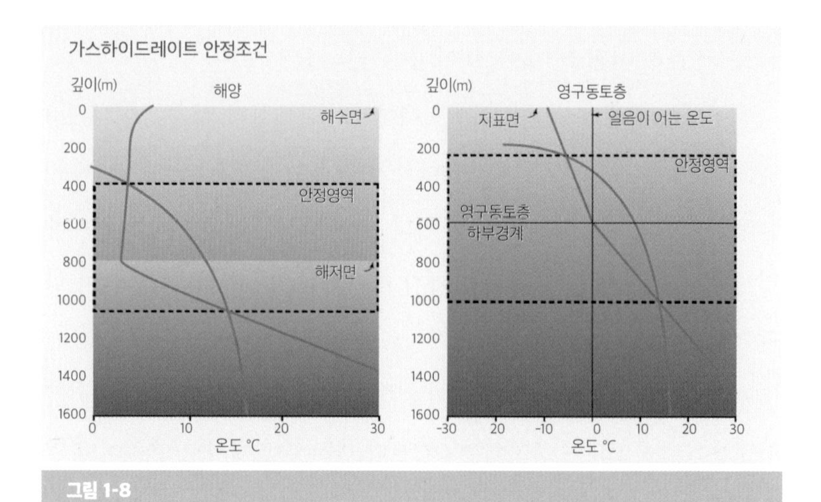

그림 1-8

해양(왼쪽)과 영구동토층(오른쪽)에서 가스하이드레이트가 안정되게 존재할 수 있는 조건을 보여주는 상변화 그래프(X축은 온도, Y축은 깊이). 적색으로 표시된 상변화 경계선보다 낮은 온도(적색선의 왼쪽 부분)에서만 가스하이드레이트가 존재할 수 있다(출처 : Fronzen Heat).

이렇게 볼 때 지구상에 가스하이드레이트가 존재할 수 있는 조건을 충족하는 지역이 두 군데 있다. 육상에서는 영구동토층permafrost 지역과 해양에서는 수심 약 300m보다 깊은 해저이다. 지질학적으로 영구동토층은 2년 이상 영하의 온도를 보이는 땅을 말하는데, 북극 지역과 히말라야와 같은 고산지대처럼 1년 내내 추운 지역에 분포한다.

그림 1-8은 해양과 영구동토층에서 가스하이드레이트가 존재할 수 있는 안정조건을 보여주는 상변화phase 그래프이다. 이 그래프는 지구상의 가스하이드레이트 분포, 이 책의 2장과 3장에서 다루게 될 가스하이

드레이트와 관련된 환경문제와 개발방법을 이해하는 데 가장 핵심적인 정보를 제공한다.

왼쪽 그래프는 해양의 경우이고, 오른쪽 그래프는 영구동토층의 경우를 나타낸다. 그래프에서 X축은 온도, Y축은 해수면과 지표에서부터의 깊이이다. 적색선은 가스하이드레이트의 상변화 경계선이다. 적색선보다 온도가 낮으면, 즉 적색선의 왼쪽 영역에서는 가스하이드레이트가 존재할 수 있고, 온도가 높은 오른쪽 영역에서는 가스하이드레이트가 녹아서 가스와 물로 존재한다. 청색선은 해양과 영구동토층의 깊이에 따른 온도변화 곡선이다.

해양에서의 가스하이드레이트 안정조건

왼쪽 그래프가 보여주는 해양에서의 가스하이드레이트 안정조건을 살펴보자. 이 그래프는 수심이 800m인 경우를 보여준다. 일반적으로 해양에서는 해수면에서 해저면까지 수온이 내려가는데 지구상 대부분의 깊은 바다에서는 대략 3~4℃까지 차가워진다.

해수면에서 수온을 나타내는 청색선을 따라 내려가면 수심이 깊어지면서 점차 적색선으로 접근한다. 이때까지는 적색선 오른쪽 영역에 속하기 때문에 가스하이드레이트가 생기지 않는다. 청색선은 약 400m 수심에서 적색선을 만나고 800m 수심의 해저면에서는 적색선 왼쪽 깊숙한 영역에 위치하게 된다.

해저면에서부터는 지하로 내려가면서 지온상승률(전 세계 평균은 0.02℃/m)을 따라 빠르게 온도가 상승한다. 청색선은 해수면에서 약 1,100m(해저면에서는 약 300m) 깊이에서 적색선 오른쪽 영역으로 빠져나온다. 이 그래프에서는 청색신이 적색신 왼쪽에 위치하는 400m에서 1,100m 구간(검은 점선으로 표시된 박스 구간)에서만 가스하이드레이트가 존재할 수 있음을 알 수 있다. 이 구간이 바로 GHSZ, 곧 가스하이드레이트 안전영역이다.

추운 남북극 바다와 같이 수온이 영하로 내려가는 곳에서는 안정영역의 상부경계가 나타나는 수심이 약 300m 정도로 얕아지고, 지온상승률이 높고 낮음에 따라 하부경계가 올라가거나 내려간다. GHSZ에 속하는 해수층에는 바닷물에 포함된 메탄이 거의 없기 때문에 가스하

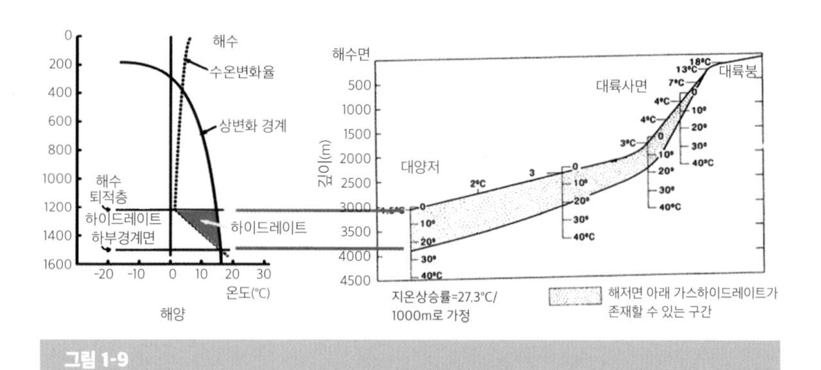

그림 1-9

해양에서 가스하이드레이트가 존재할 수 있는 지층의 두께 변화.

이드레이트가 만들어지지 않는다. 따라서 해양에서는 해저면에서 하부 경계 깊이까지의 지층에 가스하이드레이트가 존재할 수 있다. 이 지층의 두께는 수심, 수온, 지온상승률 등 여러 요인에 의해 달라진다.

그림 1-9는 수심에 따른 GHSZ의 두께 변화를 간략하게 보여준다. 가스하이드레이트가 존재할 수 있는 GHSZ의 두께는 수심이 얕은 곳에서 깊은 곳으로 갈수록 점차 두꺼워지며, 심해에서는 수백 미터에 달한다. 지역에 따라 지온상승률이 다르기 때문에 지역에 따라 두께도 차이가 난다. 동해 울릉분지의 경우에는 지온상승률이 높아서 수심 2,000m 지점에 약 200m의 두께를 나타낸다.

영구동토층에서의 가스하이드레이트 안정조건

앞에서 본 그림 1-8의 오른쪽 그래프는 영구동토층에서 가스하이드레이트의 안정조건을 보여주는 그림이다. 지표온도가 −10℃이고 영구동토층이 지하 600m까지 형성된 상황을 가정해서 만들어진 그래프이다. 차가운 영구동토층 구간까지는 지온이 천천히 올라가다가, 그 아래부터는 일반적인 지온상승률을 따라 빠르게 상승하는 모습이다.

영구동토층에 대해 알아보기 전에 왜 다른 따뜻한 육상지역에는 가스하이드레이트가 존재하지 않는지 이 그래프를 이용해서 알아보자. 만일 지표온도가 0℃이고, 깊이에 따라 일반적인 지온상승률을 따라 온도가 상승한다고 가정하여 청색선을 그어보면, 적색선에서 멀리 떨어진,

가스하이드레이트가 존재할 수 없는 오른쪽 영역만 지나는 것을 볼 수 있다.

북극과 고산지대의 영구동토층 경우에는, 지표 기온이 대략 -10℃로 시작해서 지하로 내려가면서 온도가 상승하고 대략 100~300m 깊이에서 GHSZ 상부경계를 지나 안정영역으로 들어온다. 계속해서 지하로 내려가면 약 600m 깊이 부근에서 지온이 0℃에 도달하게 되어 영구동토층이 더 이상 존재하지 않는다.

하지만 이 깊이에서의 온도는 여전히 가스하이드레이트가 안정적으로 존재할 수 있는 영역에 속한다. 더 깊어지면 영구동토층 구간보다는 빠르게 지온이 올라가고, 수백 미터 더 내려가면 안정영역 밖으로 벗어나게 된다. 이 그래프에서는 가스하이드레이트가 지하 1,000m까지 존재할 수 있다. 지역마다 영구동토층의 깊이와 지온상승률이 다르기 때문에 이 깊이도 달라진다.

전 세계 가스하이드레이트 분포지역

위의 안정조건을 사용하면 지구상 어느 곳에 가스하이드레이트가 존재할 수 있는지 알 수 있다. 실제로 지구상에서 90% 이상의 해역과 대부분의 영구동토층 지역이 가스하이드레이트 안정영역에 속한다. 가스하이드레이트 연구의 초창기에는 이런 가스하이드레이트 안정영역의 면적만을 고려해서 전 세계 매장량을 계산했기 때문에 엄청난 추정량이 발표되

그림 1-10

전 세계 가스하이드레이트 분포도. 탐사를 통해 가스하이드레이트의 분포가 확인된 지점(적색점)과 시추를 통해 가스하이드레이트 실물이 채취된 지점(흑색점)(출처 : Fronzen Heat).

기도 했다. 이후에 많은 현장연구를 통해 안정영역에 속하는 지역일지라도 충분한 메탄가스가 존재하지 않거나, 혹은 다른 원인으로 가스하이드레이트가 없거나 희박한 곳이 훨씬 많다는 사실을 알게 되었다.

그림 1-10은 2010년까지 전 세계에서 가스하이드레이트를 채취하였거나 가스하이드레이트가 있다는 증거를 발견한 지점들의 분포도이다. 남극과 북극을 포함한 거의 전 세계 모든 대륙주변부(대륙에 가까운 해양)와 북극의 영구동토층 지역에서 가스하이드레이트가 발견된 것을 알 수 있다.

특이한 가스하이드레이트 지역으로 염수호(염분이 있는 호수)인 흑해와 카스피해, 담수호(염분이 없는 호수)인 바이칼호와 같은 대형 호수를 들 수 있다. 이런 대형 호수들은 수심이 300m보다 깊어서 가스하이드레이트 안정영역이 나타나는 곳이다. 또한 영구동토층이 발달한 티베트 고원에서도 가스하이드레이트가 채취되었다.

우주 속의 가스하이드레이트

지구뿐만 아니라, 태양계의 행성, 위성, 그리고 운석과 같은 태양계 물질 등에도 가스하이드레이트가 존재할 수 있다. 이들 경우에도 하이드레이트가 만들어질 수 있는 내기나 시하에서의 온노-압력 소선을 가진다.

특히 목성, 토성, 천왕성, 해왕성 같은 가스로 구성된 행성들은 다른 행성들보다 가스하이드레이트가 풍부하게 존재할 것으로 예상된다.

태양계에서 가장 먼 거리에 있거나 먼 거리를 지나는 운석, 또는 카이퍼Kuiper 소행성대에는 이산화탄소, 일산화탄소, 질소가 풍부한 하이드레이트가 만들어지고, 외행성에 속하는 가스로 이루어진 행성이나 위성에는 질소, 일산화탄소와 메탄이 풍부한 하이드레이트가 만들어질 것으로 예상된다.

얼음이 존재하는 화성과 유로파Europa(목성의 위성)에는 이산화황, 이산화탄소가 풍부한 하이드레이트가, 지구에는 생물 기원과 열 기원에 의해 만들어진 메탄, 에탄, 부탄, 프로판이 풍부한 하이드레이트와 이산화황, 이산화탄소, 질소 하이드레이트가 존재한다.

화성 대기의 90%는 이산화탄소로 이루어져 있다. 나머지 10%는 수증기, 질소와 다른 가스이다. 화성의 기온은 −40℃에서 −160℃로 매우 춥기 때문에 화성 표면 바로 아래 이산화탄소 하이드레이트가 존재할 수 있다.

표면의 온도가 계절마다 크게 변하기 때문에 하이드레이트의 형성과 해리가 반복되고, 이에 따라서 화성 대기성분도 계속 변동할 것이다. 이산화탄소는 화성의 극관polar cap 아래에는 하이드레이트로 존재하고, 대기 중에는 구름 형태로 나타날 것으로 예측된다.

화성의 가스하이드레이트 안정영역은 지표 아래 1km 깊이까지 연장될 것으로 추정된다. 미래에 인간이 화성에 거주지를 만들 때 가스하이드레이트는 물과 에너지를 얻을 수 있는 중요한 자원이 될 수 있을 것이다.

4. 가스하이드레이트는 어떻게 생겼나요?

어부의 그물질에서 가스하이드레이트가 대량 채취된 적이 있다. 1980년 11월, 캐나다 서부 밴쿠버섬 앞바다 800m 수심에서 트롤작업을 하던 어부가 바다 바닥까지 끌었던 그물을 배로 올렸다. 1톤이 넘는 묵직한 무게감에 배를 가득 채울 생선을 기대하며 그물을 배 위로 끌어올렸지만, 막상 올라온 그물 속에는 하얀색 얼음이 가득했다(그림 1-11). 올라오는 도중에 그물 밖으로 빠져나간 일부 얼음들은 배 주변을 둥둥 떠다니다가 거품을 일으키며 녹았다. 탄산음료에서 가스가 빠져나가는

그림 1-11

밴쿠버섬 앞바다에서 가스하이드레이트를 채취한 트롤어선 사진. 지역신문에 보도된 사진이다.

듯한 쉿 소리를 내기도 했다.

가스하이드레이트에 대한 지식이 거의 없을 때라, 어부는 매우 위험한 물질이라고 여기고 배 위에 있던 가스하이드레이트를 황급히 바다로 버렸다. 이 소식을 들은 과학자들은 2002년에 트롤어선이 작업을 했던 지점에서 대규모 심해시추탐사Ocean Drilling Program를 실시하였다. 탐사를 통해 밴쿠버섬 앞바다 해저에 막대한 양의 가스하이드레이트가 분포하고 있다는 사실이 확인되었다.

실제로 이렇게 어선의 그물작업에 가스하이드레이트가 발견된 것은 유례가 없는 일이다. 바다 밑 매우 특이한 장소에서만 일어날 수 있다. 이런 장소에 무인잠수정을 내리면 해저에 약간 솟아오른 언덕지형에 크기가 수 미터 이상 되는 단단한 얼음 모양의 가스하이드레이트를 직접 눈으로 볼 수 있다. 지층에 생긴 단층이나 균열을 타고 지하 깊은 곳으로부터 메탄이나 메탄을 품고 있는 지층수가 해저면까지 집중적으로 올라온 지점이다. 빠르게 올라온 메탄가스가 차가운 바닷물과 맞닿은 해저면 부근에서 가스하이드레이트를 만든 것이다.

전 세계에서 채취된 가스하이드레이트

가스하이드레이트는 지구상에 엄청난 양이 존재하지만 직접 눈으로 보기는 매우 어렵다. 육지에서는 영구동토층이 존재하는 추운 북극지역이나 고산지대의 지하 깊숙한 곳에 묻혀 있고, 바다에서는 깊은 수심

그림 1-12

지구상 여러 지역에서 채취된 다양한 형태의 가스하이드레이트(출처 : Fronzen Heat).

의 해저지층에서 만들어지기 때문에 시추작업이나 잠수정 탐사가 필요하다.

더구나 가스하이드레이트는 온도가 낮고 압력이 높은 곳에서만 존재하기 때문에, 시추장비를 내려서 가스하이드레이트가 포함된 퇴적물을 채취하더라도 올라오는 도중에 대부분 녹아버려서 그 존재를 확인하기 어렵다. 수온이 차가운 지역에서 수행한 해양탐사의 경우, 해저 시추장비를 빠르게 연구선에 올리면 해저면 부근에서 채취된 가스하이드레이트가 녹지 않고 남아 있는 경우가 많아 직접 눈으로 확인하고 만져볼 수 있다. 최근에는 가스하이드레이트가 들어 있는 지층의 압력상태를 그대로 유지하면서 시추할 수 있는 특수한 장비(압력코아)를 이용하여 가스하이드레이트를 채취하기도 한다.

지구상에 존재하는 대부분의 가스하이드레이트는 퇴적층 속에서 만들어진다. 퇴적물에는 전체 부피의 30~70%에 달하는 공극, 쉽게 말해서 퇴적물 입자 사이에 비어 있는 공간이 있다. 메탄가스가 얼마나 공급되는지와 퇴적물의 입자 크기에 따라 다양한 형태의 가스하이드레이트가 만들어져 이 공극을 채우거나 변형시킨다. 그림 1-12는 전 세계 여러 지역에서 채취한 다양한 가스하이드레이트의 모습을 보여준다.

사질(모래질) 퇴적층의 경우에는 공극이 크고 공극들 간의 연결이 좋기 때문에 가스하이드레이트를 만들 때 필요한 물과 메탄가스가 이동하기 좋다. 즉 투수율permeability이 높다. 사질 퇴적층에는 가스하이드레이트가 공극의 60% 이상을 채우는 경우가 많다. 북극 영구동토층과 미국의 멕시코만에서 채취된 사질층에서는 가스하이드레이트의 포화도가 90%에 달한다(그림 1-12A와 B). 전 세계 퇴적층에서 사질 퇴적층이 차지하는 비중은 약 10%에 불과하지만, 가스하이드레이트 포화도가 높아서 향후 가스하이드레이트를 에너지 자원으로 개발할 때 가장 좋은 타깃이 되고 있다.

지구상 대부분의 가스하이드레이트는 넓은 면적에 두꺼운 지층을 형성하고 있는 세립질 퇴적층에 존재하고 있다. 세립질 퇴적층에 들어오는 가스하이드레이트의 포화도는 대략 1~2% 정도(최대 12% 내외)로 낮다.

미국 서부 해역의 해저 심부시추 작업으로 채취된 시료에서 세립질 퇴적물 내에 육안으로 확인하기 어려운 작은 알갱이 형태의 가스하이드레이트가 발견된 적이 있다. 이렇게 낮은 포화도를 보이는 이유는 점토가 많아 퇴적물의 공극 크기가 매우 작고, 물과 메탄가스가 이동하기 어려운 낮은 투수율 때문이다. 메탄가스가 매우 강하게 올라오는 지역에서는 세립질 퇴적층에서도 가스하이드레이트가 많이 만들어지기도 한다.

한편 인도나 우리나라 동해에서 수행된 해저 심부시추 작업을 통해 채취된 세립질 퇴적물에서는 퇴적물 내의 틈새를 채우면서 포화도가 20~30%에 달하는 가스하이드레이트를 볼 수 있다(그림 1-12C). 인도 해역에서는 두께가 수 센티미터 이상 되는 단단한 덩어리 형태의 두꺼운 가스하이드레이트가 채취된 적이 있고, 동해에서는 세립질 퇴적물 사이에 가는 줄기 형태를 형성하는 가스하이드레이트가 발견되었다(그림 1-12D와 E). 그림 1-12의 F, G, H, I는 해저면에 형성된 가스하이드레이트의 모습을 보여준다.

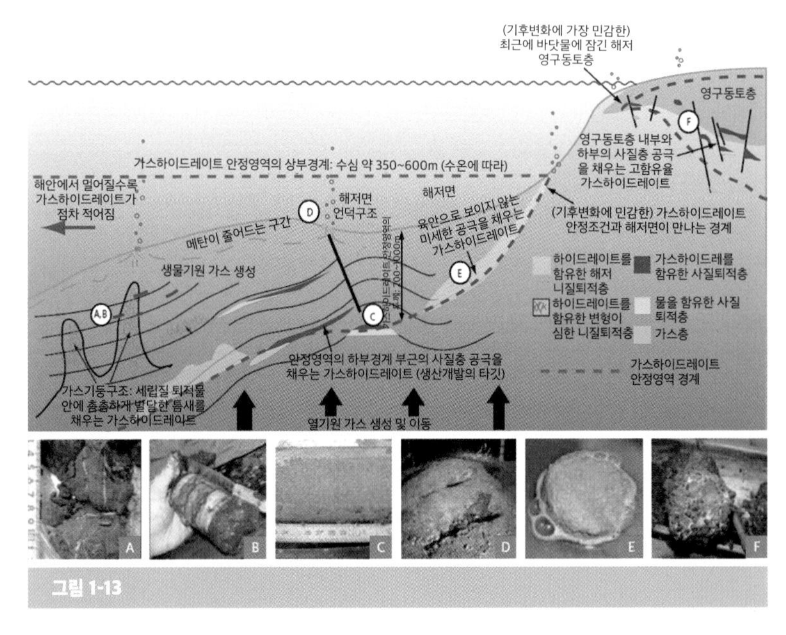

그림 1-13

지구상 여러 지역에서 채취된 다양한 형태의 가스하이드레이트(출처 : Fronzen Heat).

지질환경에 따라 다양한 형태 만들어져

가스하이드레이트를 함유한 퇴적층이 만들어진 지질환경에 따라 이런 다양한 형태의 가스하이드레이트들이 나타난다. 가는 줄기 형태나 덩어리 형태의 가스하이드레이트는 그림 1-13Ⓐ와 Ⓑ점에 나타나는 가스기둥gas chimney 구조(퇴적층 깊은 곳으로부터 기둥 형태로 솟아오른 퇴적구조)에서 주로 만들어진다. 이런 가스기둥 구조는 동해 울릉분지에서도 많이 발견된다.

가스하이드레이트가 많이 들어 있어 개발가능성이 높은 사질 퇴적층은 가스하이드레이트 안정영역의 하부경계에 가까운 깊은 지층(그림 1-13Ⓒ)에 주로 발달한다. 지하 깊은 곳에 있는 메탄가스나 메탄가스를 함유한 지층수가 지층의 틈새를 타고 올라온 지점(그림 1-13Ⓓ)과 같은 해저면에도 가스하이드레이트가 발견된다. 앞에서 소개한 트롤작업에 의해 가스하이드레이트가 채취된 지점이다. 세립질 퇴적층이 분포하는 지점(그림 1-13Ⓔ)과 같은 곳에서는 작은 공극을 채우는, 육안으로 식별하기 어려운 미세한 가스하이드레이트가 형성된다.

북극의 육상과 대륙붕에 분포하는 영구동토층(그림 1-13Ⓕ)에는 입자가 큰 사질 퇴적층에서 포화도가 80~90%에 달하는 가스하이드레이트가 발견된다. 가스하이드레이트가 가득 차 있는 북극 영구동토층의 사질 퇴적층에서 향후 가스하이드레이트가 가장 먼저 개발될 것으로 예상된다.

5. 가스하이드레이트는 왜 중요한가요?

가스하이드레이트가 주목받고 있는 가장 큰 이유는 막대한 매장량 때문이다. 지구상에 존재하는 가스하이드레이트에 포함된 탄화수소의 총량은 석유, 석탄, 천연가스 같은 모든 화석연료의 총량과 비슷한 약 5,000Gt[기가톤]에 달할 것으로 추정된다(그림 1-14).

가스하이드레이트의 주성분인 메탄은 이산화탄소보다 약 25배의 강

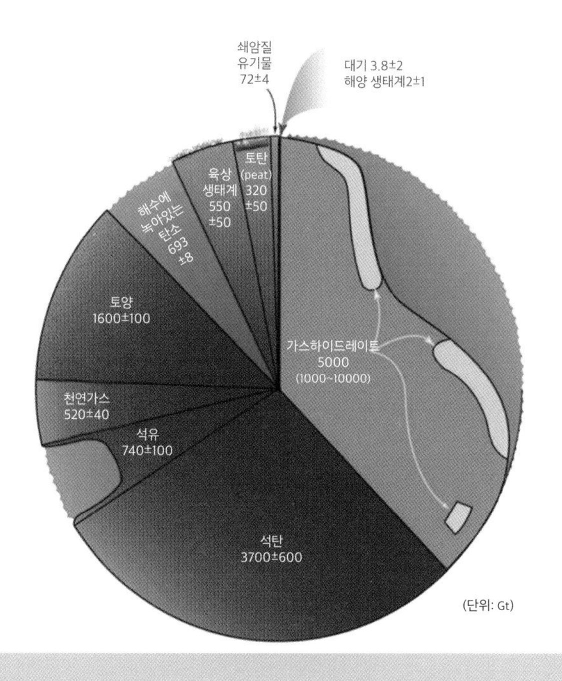

그림 1-14

다른 탄화수소원과 비교할 때의 가스하이드레이트에 포함된 탄화수소 총량(출처 : USGS).

한 온실효과를 지닌 온실가스이다. 과학자들은 가스하이드레이트가 녹아서 막대한 메탄이 방출되면 지구온난화를 가속화시켜 엄청난 환경재해를 유발할 것이라고 우려하고 있다.

2008년 유엔환경기구UNEP는 북극에서 메탄이 본격적으로 방출되기 시작하면 메탄의 강력한 온실효과로 인해 지구기온이 급격히 상승하고, 이것은 다시 더 많은 메탄을 방출하게 하는 악순환을 일으켜, 돌이킬 수 없는 환경재앙을 가져오는 '온난화의 시한폭탄'이 될 것이라고 경고하였다. 가스하이드레이트가 지구 환경변화에 어떤 영향을 미치는지에 대해서는 2장에서 자세히 이야기해보자.

청정에너지원과 지구온난화의 시한폭탄이라는 두 얼굴

가스하이드레이트는 자신의 부피의 약 160배에 달하는 메탄을 품고 있는 놀라운 물질이다. 주먹만한 가스하이드레이트 덩어리에 불을 붙이면 한동안 불꽃을 내면서 탄다. 우리가 현재 사용하고 있는 천연가스의 주성분이기도 한 메탄은 연소되면 이산화탄소와 물만을 생성하기 때문에 석탄이나 석유 같은 다른 화석에너지에 비해 매우 청정한 에너지원이다.

중국과 인도 등 개발도상국들의 발전에 따라 전 세계 에너지 수요가 빠르게 늘어나고 있다. 전 지구상에 엄청난 양이 매장된 가스하이드레이트에서 메탄을 뽑아 쓸 수 있으면 미래 에너지 문제를 해결할 가능성이 높다. 가스하이드레이트의 매장량과 가스하이드레이트를 찾고 개발하는 방법에 대해서는 3장에서 상세히 다룰 것이다.

해저에는 땅속의 물질이 바다로 뿜어져 나오는 지점들이 있다. 대표적인 지점으로 300~400℃의 뜨거운 물질들이 뿜어져 나오는 중앙해령의 열수분출구hydrothermal vent를 들 수 있다. 열수분출구와 달리 메탄가

그림 1-15

냉수분출구에서 발견된 생물군. 퇴적물내에 사는 미생물들이 메탄을 분해해 만들어내는 황화수소를 먹고사는 화학합성 생물들. (A) 관벌레, (B)와 (E) 게, (C)와 (F) 조개, (D) 소라, (G) 새우.

스나 메탄가스를 포함하고 있는 뜨겁지 않은 지층수가 뿜어 나오는 냉수분출구cold seep도 전 세계 바다에서 속속 발견되고 있다.

수심 300m보다 깊은 해저에 발달한 냉수분출구에서는 심부에서 올라온 메탄에 의해 해저면 근처에서 만들어진 가스하이드레이트가 자주 발견된다. 앞서 소개한 트롤어선도 이런 냉수분출구 위에서 작업하다 해저 바닥의 가스하이드레이트를 끌어올린 것이다.

한편, 냉수분출구에서는 다른 곳에서는 보기 어려운 특이한 생물군들이 살고 있는 특별한 생태계가 발견된다. 광합성 작용을 할 수 없는 빛이 없는 심해에서 미생물들이 메탄을 산화하거나 환원하는 화학합성을 통해 에너지를 얻어 살아가는 곳이다. 황량한 주변과 달리 이곳에는 이런 미생물들을 먹고사는 더 큰 생물군, 관벌레, 조개류, 갑각류들이 많이 사는 생태계가 발달해 있다(그림 1-15). 새로운 생명현상이 발견되는 곳이다.

ARAON
아라온

미스터리, 문학 속의 가스하이드레이트

가스하이드레이트의 존재는 미스터리와 소설의 주인공이 되기도 했다. 최근에는 관심이 적어졌지만 아직도 '버뮤다 삼각지대Bermuda Triangle'는 많은 사람들에게 지구상의 미스터리로 기억된다. 버뮤다 삼각지대는 미국의 플로리다주 마이애미, 버뮤다, 푸에르토리코를 잇는 삼각형 모양의 바다를 일컫는 말로, 지난 세기 동안 8,000건의 조난 신호가 있었고, 50척 이상의 배와 20대 이상의 비행기가 실종되었다고 알려진 지역이다. 버뮤다 삼각지대의 존재를 설명하려고 4차원 입구설, 아틀란티스의 사라진 문명설, 블랙홀설, 지구자기장설 같은 숱한 설들이 제기된 바 있다.

여기에 최근에는 가스하이드레이트설이 또 하나의 가설로 합류했다. 가스하이드레이트설에 따르면 버뮤다 삼각지대의 해저 지층에 존재하는 가스하이드레이트가 녹아서 막대한 양의 메탄가스를 바닷속으로 계속 분출하고, 마침 그 위를 지나가는 배는 바닷물의 부력이 낮아져 침몰한다는 것이다. 또한 분출된 메탄가스가 대기 중까지 올라가 그곳을 날던 비행기의 뒤꼬리에 불이 붙어 폭발했다는 것이다(그림 1-16). 증거 없는 설이라는 강한 비판이 제기되긴 했지만, 최근에 과학계에서 뜨거운 관심을 모으고 있는 가스하이드레이트가 세계적인 미스터리의 한 원인으로 등장했다는 것은 매우 흥미롭다. 또한 2003년과 2004년에 미국과 독일에서 각각 가스하이드레이트를 다룬 과학스릴러 소설이 발간되어 인기를 모으기도 했다(그림 1-17).

그림 1-16

버뮤다 삼각지대의 미스터리 원인으로 등장한 가스하이드레이트.

그림 1-17

해외에서 출간된 가스하이드레이트 관련 소설들.

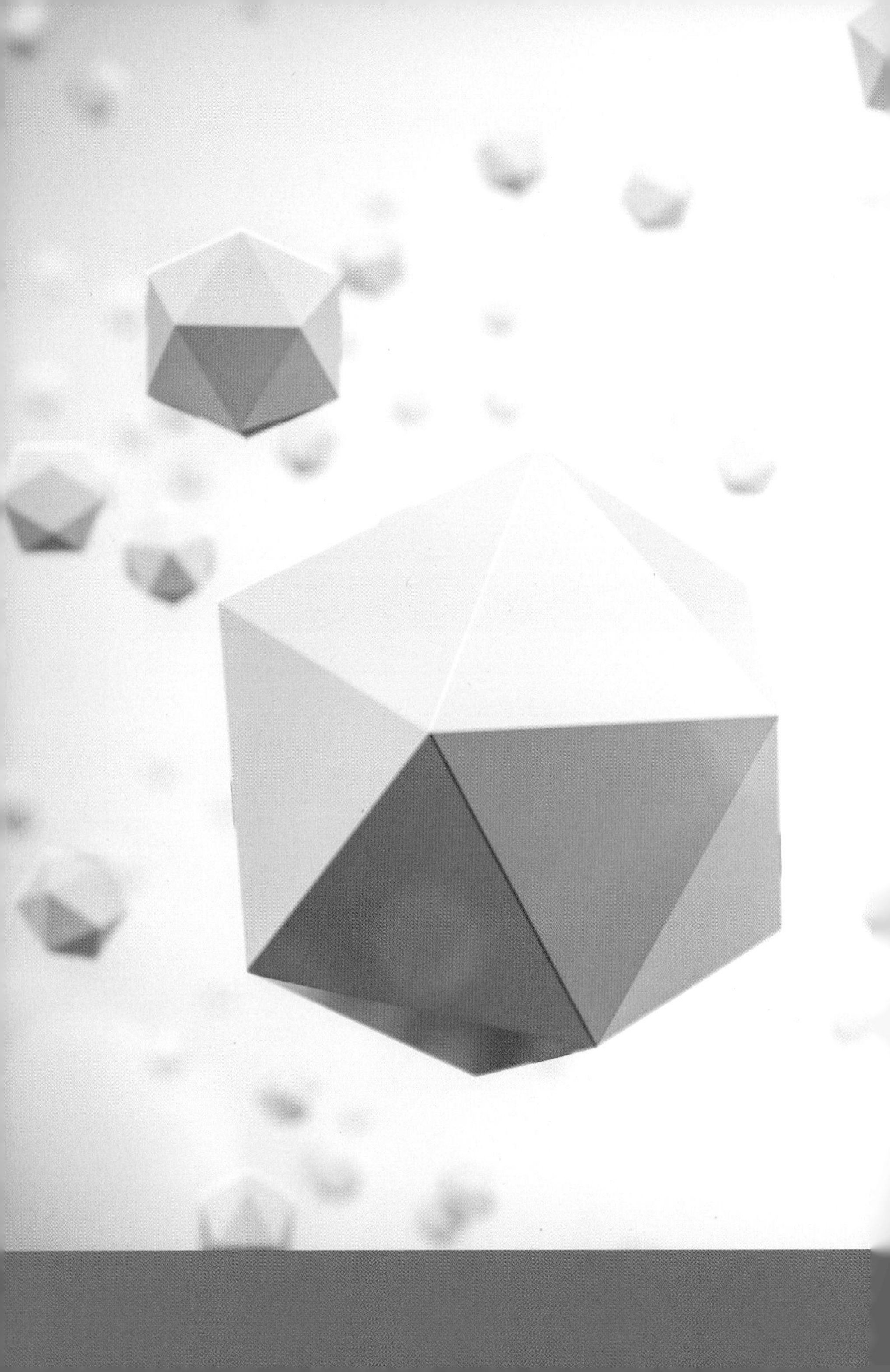

2장

지구온난화의 시한폭탄, 가스하이드레이트

현재 지구상에는 엄청나게 많은 가스하이드레이트가 매장되어 있습니다. 그런데 가스하이드레이트에 들어 있는 메탄은 이산화탄소에 비해 약 25배나 강력한 온실가스입니다. 과학자들은 지금처럼 지구가 급격하게 따뜻해진다면 막대한 양의 가스하이드레이트에서 방출된 메탄이 대기로 올라가 지구온난화를 가속시키는 시한폭탄이 될 수도 있다고 경고합니다.

1. 강력한 온실가스, 메탄

메탄은 지구 대기 중에 수증기와 이산화탄소에 이어 세 번째로 많은 온실가스이다. 대기 중에서 차지하는 메탄의 양은 이산화탄소에 비해 약 200분의 1에 불과할 정도로 매우 적지만, 온실효과 기여도는 3분의 1 이상으로 상당한 영향력을 미친다(표 2-1). 같은 양에 대해 이산화탄소의 온실효과를 1로 할 때, 20년에 걸친 메탄의 온실효과는 이산화탄소의 84배, 100년에 걸친 온실효과는 28배에 달한다(표 2-2).

산업혁명이 시작된 1750년 이후로 대기 중에 이산화탄소와 메탄의 농도가 크게 증가하였다. 산업혁명 이전의 대기 중 이산화탄소의 농도는 280ppm, 메탄의 농도는 700ppb였지만, 현재는 395ppm과 1893ppb이다(표 2-3). 이산화탄소는 41% 증가한 데 반해 메탄은 170%나 증가했다. 지난 80만 년 동안 지금이 역사적으로 가장 높은 대기 중 메탄 농도를 보이고 있다. 이런 급격한 메탄 증가분의 70%는 인간 활동에 의한 것으로 알려져 있다. 지구온난화와 관련해서 온실가스를 이야기할 때 이산화탄소가 대표적으로 거론되지만, 메탄의 급속한 증가와 그 영향에 대해서도 주목해야 할 것이다.

기후변동에 관한 정부간 패널, IPCC(2009)의 보고에 의하면, 지구상의 모든 발생원으로부터 대기 중으로 방출되는 메탄의 양은 1년에 약 0.45Gt기가톤 또는 450Tt테라톤이다. 현재 가스하이드레이트에서 방출되는 메탄의 양은 이 총량의 1%로, 소와 같은 가축들이 내뿜는 양에 비해서 수십 분의 일에 불과한 것으로 알려져 있다(그림 2-1). 하지만 아직 가스하이드레이트가 얼마나 메탄 방출에 기여하는지는 정확히 알려져 있지 않다. 특히 빠르게 기온이 올라가고 있는 북극의 육상과 해저의 영구동토층에서 가스하이드레이트가 녹으면서 나오는 메탄의 양을 정확하게 추정할 수 있는 현장자료가 매우 부족하다.

(a) 수증기는 지역별로 차이가 심함.
(b) 성층권에 집중적으로 분포.

기체	화학식	대기중 농도(ppm)	기여도
수증기와 구름	H_2O	10~50,000[a]	36~72%
이산화탄소	CO_2	~400	9~26%
메탄	CH_4	~1.8	4~9%
오존	O_3	2~8[b]	3~7%

표 2-1. 온실가스들의 대기중 농도 및 온실효과 기여도

기체	화학식	잔류 기간(년)	기간별 지구온난화 영향지수		
			20년	100년	500년
이산화탄소	CO_2	30~95	1	1	1
메탄	CH_4	12	84	28	7.6
아산화질소	N_2O	121	264	265	153
불화탄소-12	CCl_2F_2	100	10,800	10,200	5,200
수소불화탄소-22	$CHClF_2$	12	5,280	1,760	549
테트라플루오메탄	CF_4	50,000	4,880	6,630	11,200
헥사플루오메탄	C_2F_6	10,000	8,210	11,100	18,200
육불화황	SF_6	3,200	17,500	23,500	32,600
삼불화질소	NF_3	500	12,800	16,100	20,700

표 2-2. 온실가스들의 대기중 잔류기간별 지구온난화지수GWP : Global Warning Potential
(출처 : 위키피디아)

기체	오존 1750년 이전 대류권 농도	현재 대류권 농도	1750년 대비 증가	1750년 이후 증가율(%)	증가된 복사력 (W/m^2)
이산화탄소	280ppm	395.4ppm	115.4ppm	41.2	1.88
메탄	700ppb	1893ppb / 1762ppb	1193ppb / 1062ppb	170.4 151.7	0.49
아산화질소	270ppb	326ppb / 324ppb	56ppb / 54ppb	20.7 20	0.17
대류권 오존	237ppb	337ppb	100ppb	42	0.4

표 2-3. 산업혁명 시기와 현재의 대기 중에 증가한 온실가스 농도와 복사력
(출처 : 위키피디아)

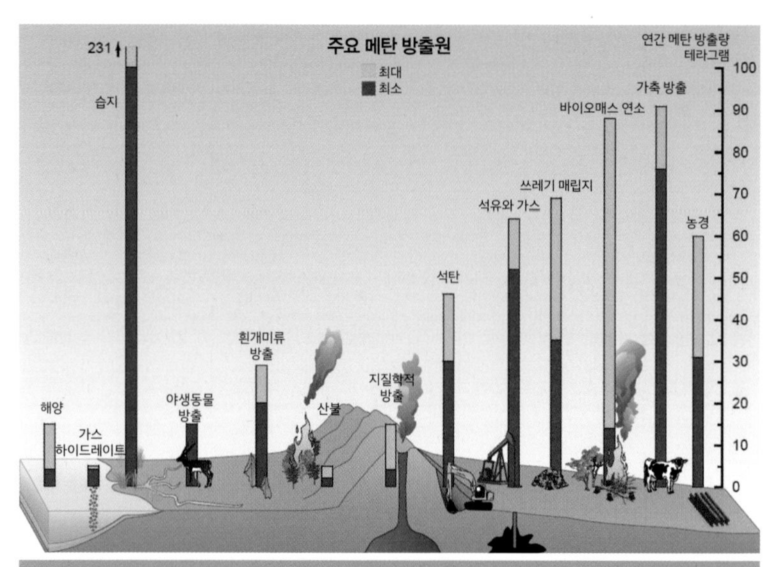

그림 2-1

연중 대기 중으로 방출되는 메탄의 발생원과 방출량(IPCC, 2007)(출처 : Frozen Heat).

2. 메탄은 어떻게 만들어지나요?

생물 기원

자연에 존재하는 가스하이드레이트 안에 들어 있는 메탄의 대부분은 생물들이 만들어낸다. 죽은 유기물이 바닷속에 가라앉아 해저면에 쌓인다. 시간이 지나면서 그 위로 니질 퇴적물이 쌓인다. 햇빛을 받지 못하면 미생물들은 이런 유기물을 분해하여 에너지를 얻는다. 미생물들은 산소가 있는 환경에서는 산소를 사용한 산화작용(호기성 산화작용aerobic oxidation)을 통해 이산화탄소를 만든다. 산소가 많지 않아서 빠르게 소진하고 나면 미생물들은 산소가 없이 일어나는 발효작용(혐기성 발효작용anaerobic fermentation)을 통해 해저면의 퇴적물들을 분해한다.

해저면에서 수 센티미터에서 수 미터 아래 구간에서는 박테리아들이 해수에 포함된 황이온SO_4^{-2}을 환원시켜 황화수소H_2S를 만든다. 더 깊어지면 황이 다 소진되는 깊이에 도달한다. 그 아래에서부터는 고세균인 아키아archea가 남아 있는 유기물을 분해해서 메탄을 만든다.

이렇게 고세균이 메탄을 만드는 작용은 지층온도지온가 75~80℃에 도달하는 지하 깊은 곳까지 일어난다. 땅속 깊이에 따라 지온이 올라가는 정도가 지역마다 다르기 때문에, 지하 수백 미터에서 수 킬로미터 깊이까지 미생물에 의해 메탄이 만들어지는 작용이 일어난다.

가스하이드레이트가 만들어지기 위해서는 퇴적층의 공극수 안에 충분한 양의 메탄이 포함되어 있어야 한다. 메탄의 농도가 물에 녹는 용해도solubility보다 높아야 한다. 아키아가 충분한 메탄을 만들어낼 수 있기 위해서는 재료가 되는 유기물이 바다에서 충분히 공급되어야 한다.

전 세계 해양의 총유기탄소량total organic carbon의 분포를 보면, 대륙 주변부 지역에서 퇴적률과 유기탄소 유입량이 상대적으로 높고 다른 해양 지역은 매우 낮다. 유기탄소량이 높으면 생물 기원 메탄 생산량이 많아지기 때문에 유기탄소량이 높은 지역과 가스하이드레이트가 많이 부존하는 지역들의 분포가 잘 일치한다.

가스하이드레이트가 생성되는 대륙 주변부인 경우에도 가스하이드레이트가 GHSZ 안에 꽉 찰 수는 없다. 일반적으로 가스는 GHSZ의 바닥 근처에 가장 높은 농도를 보인다. 깊은 곳에서 이동해온 가스가 이 부근에 모이고 깊은 곳에서는 물에 녹을 수 있는 양이 많아지기 때문이다.

미국 서부 연안의 하이드레이트 리지ridge라는 유명한 가스하이드레이트 지역에서 시추를 한 결과 GHSZ는 약 135m인데 위쪽 40m 구간에는 가스하이드레이트가 나타나지 않았다. 이 경우처럼 깊이 40m에서 135m까지 가스하이드레이트가 나타나는 구간을 가스하이드레이트 산출구간gas hydrate occurrence zone : GHOZ이라고 부른다. GHOZ 위에서 해저면까지는 생물 기원으로 형성된 메탄량이 가스하이드레이드를 만들어서 유지시키기에 충분하지 못하기 때문이다.

한편 지구 곳곳 여러 장소의 해저면이나 아래에서 가스하이드레이트가 발견되기도 한다. 다음에 소개하겠지만, 이런 가스하이드레이트는 심부에 있던 가스가 국지적으로 발달한 이동통로를 통해 해저면에 공급되어서 만들어지는 특수한 경우이다.

열 기원

열 기원 가스는 카타제네시스catagenesis라고 불리는 과정을 통해 지층 깊은 곳에서 만들어진다. 전통적인 가스전에서 생산되는 가스가 이에 해당한다. 카타제네시스는 유기물들이 묻힌 지하심도가 수 킬로미터까지 증가함에 따라 온도가 150~200°C까지 올라가면서 열적 성숙이 일어나 석유나 천연가스를 만드는 과정을 말한다. 메탄만을 선별적으로 만드는 생물 기원과는 달리, 카타제네시스는 무거운 탄화수소인 에탄, 부탄, 프로판도 많이 만들어낸다.

열 기원 가스를 함유하는 하이드레이트는 드물게 발견된다. 열 기원 가스는 GHSZ보다 훨씬 깊은 곳에서 만들어지기 때문에 가스하이드레이트에 열 기원 가스가 포함되어 있으면 깊은 곳의 가스를 하이드레이트 영역까지 위쪽으로 이동시키는 단층이나 파쇄대 같은 이동통로가 있다는 것을 알 수 있다. 영구동토층에서 발견되는 가스하이드레이트에는 생물 기원 가스와 열 기원 가스가 섞여 있는 경우도 관찰된다.

기타

소처럼 사람들이 기르는 가축들이 내뿜는 메탄의 양도 상당히 많다. 연구에 따르면, 미국에서 1년 동안 대기 중으로 방출되는 메탄량의 약 22%에 달한다. 축산은 인간이 유발하는 메탄의 약 44%와 인간이 유발하는 온실가스 배출량의 약 15%를 차지하는 것으로 추정된다. 가축들에 의해 생산되는 메탄을 줄이기 위한 노력이 필요하다.

위에 설명한 메탄들은 모두 유기물로부터 만들어지는 것들이다. 지구상에서는 무기물로 만들어지는 메탄도 있다. 지하 깊은 곳에서 일어나는 용암작용이나 저온에서 물과 암석이 만나 일어나는 사문석화작용serpentinization에 의해서도 메탄이 만들어진다.

3. 지질시대의 가스하이드레이트

많은 과학자들은 오랜 지질시대를 통해 일어났던 여러 차례의 급격한 지구환경 변화 현상들이 가스하이드레이트의 메탄 방출과 밀접하게 관련되어 있을 것이라고 믿고 있다. 이런 급격한 환경변화가 지구 생명체의 대멸종을 유발하였다는 학설도 제기되었다. 그럼 지질시대로 돌아가보자.

대멸종 시기

지구에 생명체가 탄생한 이후 오랜 지질시대 동안에 대규모의 멸종 사건이 여러 차례 발생하였다. 우리가 아는 많은 지질시대 경계가 이런 생물의 멸종이 일어난 시점으로 정해졌다. 예를 들면 공룡이 지구상에서 갑자기 멸종된 중생대-신생대 경계 시점을 들 수 있다. 이런 생물의 대멸종이 갑작스럽게 일어난 원인에 대해서는 많은 학설이 제기되었고, 현재도 가장 뜨거운 지구과학의 연구주제이다.

오랜 지질시대를 통해 가장 큰 멸종 사건으로는 (1) 앞에서 언급한 공룡을 포함한 전 지구상의 75% 생물종이 사라진 6,600만 년 전의 백악기-팔레오세(중생대-신생대 경계) 대멸종 사건, (2) 70~75%의 생물종이 멸종한 2억 년 전 삼첩기-쥐라기 대멸종 사건, (3) 지질시대 역사상 가장 규모가 컸던 전 지구상의 90~96%에 달하는 생물종이 멸종한 2억 5,100만 년 전 페름기-삼첩기(고생대-중생대) 대멸종 사건, (4) 70%

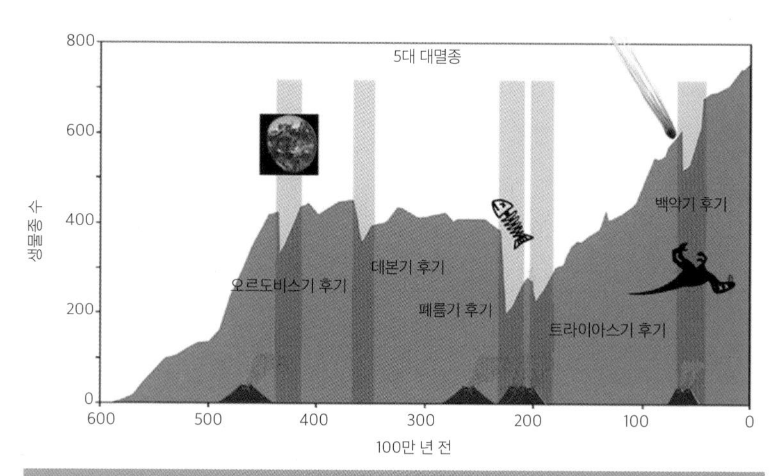

그림 2-2

5차례의 대멸종 시기와 전 세계 생물 종수의 변화(출처 : https://www.mtcares.org/global-warming-is-causing-extinction-of-some-life/#.X_UPVtj7QuU).

의 생물종이 지구상에서 사라진 3억 7,500만~3억 6,000만 년 전 후기 데본기 대멸종 사건, (5) 70%의 생물종이 멸종된 4억 5,000만 년~4억 4,000만 년 전 오르도비스기-실루리아기 대멸종 사건 등 다섯 차례를 들 수 있다(그림 2-2).

이중 가장 큰 페름기-삼첩기 대멸종 사건은 급격한 지구온난화와 밀접하게 관련된 것으로 알려져 있다. 이 시기의 단소 동위원소 $^{13}C/^{12}C$의 비율은 신생대 초기 팔레오세-에오세 최대 온난기Paleocene-Eocene Thermal Maximum : PETM와 유사하게 현저히 낮은 값을 보인다. 과학자들은 이런 증거를 토대로 이 시기에 가스하이드레이트 해리가 일어나 막대한 양의 메탄이 방출되면서 대멸종을 유발했다는 학설을 제시하고 있다. 즉, 처음 지구온난화를 촉발한 원인으로는 시베리아의 대규모 화산 분출 활동 등을 들지만, 이런 1차 온난화는 지하에 묻혀 있던 가스하이드레이트를 해리시켜 대규모 메탄 방출을 유발하고, 대기 중으로 올라간 강력한 메탄가스는 온난화를 급격히 증폭시켜 돌이킬 수 없는 환경 재앙을 발생시킨다. 이것이 역사상 유래가 없는 대멸종을 일으킨 것으로 설명하고 있다.

신생대 초기 팔레오세-에오세 최대 온난기

PETM은 신생대 팔레오세와 에오세의 경계 시점(약 5,580만 년 전)에서 약 17만 년에 걸쳐 일어났던 대규모 기후변화 사건을 말한다(그림 2-3). PETM 동안에 지구 온도는 약 6℃ 정도 상승하였다. 이 온난화는 열대에서 고위도 지방과 심해까지 영향을 주었다.

연구결과에 의하면, 이 시기가 시작될 때 탄소 동위원소 $^{13}C/^{12}C$의 비율이 매우 낮은 막대한 양(2조 톤 이상)의 이산화탄소가 해수층과 대기 중으로 유입되었다. 일부 과학자들은 이런 ^{13}C이 결핍된 탄소는 생물기원 메탄에 의해 만들어졌으며, 지구상에서 이런 생물 기원 메탄이 막대하게 저장된 곳은 가스하이드레이트이기 때문에, PETM의 급격한 지구온난화는 대규모 메탄 하이드레이트의 해리에 의한 메탄 방출 현상이

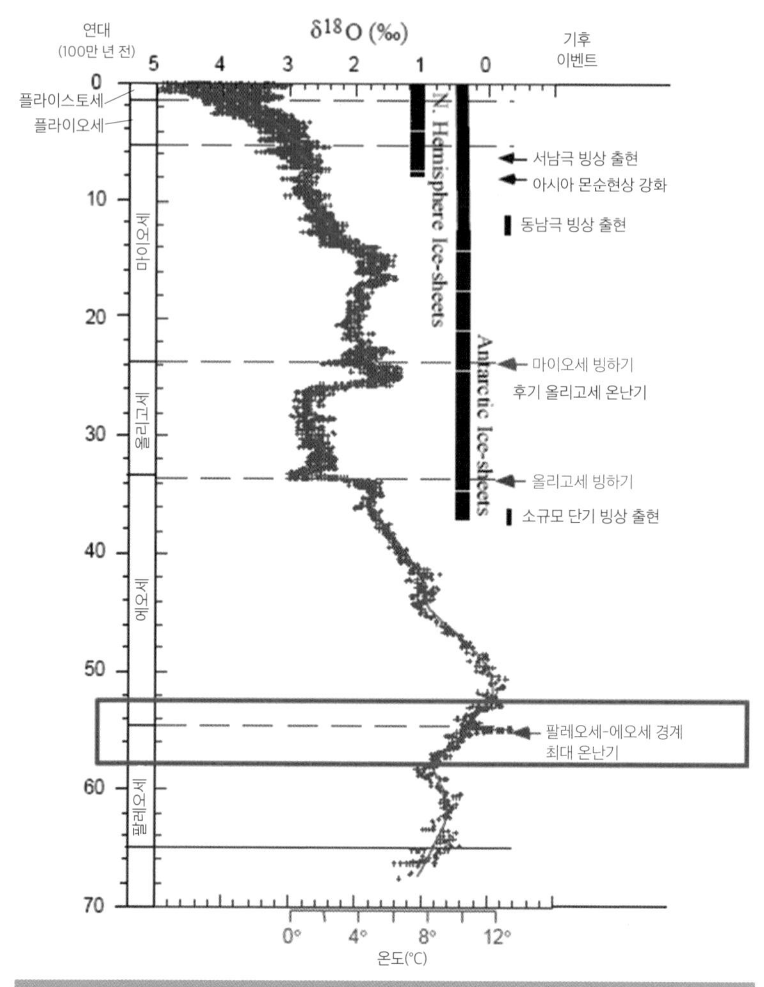

그림 2-3

지난 7,000만 년 이후 지구기온 변화표. 5,500만 년 전 팔레오세와 에오세 경계의 짧은 시기에 급격한 기온 상승이 발생했다(출처 : Zacos 외, 2001).

일어나서 유발된 것이라고 주장하고 있다.

아직 PETM을 유발시킨 정확한 원인은 밝혀지지 않았지만, 지구온난화와 지구탄소순환이 밀접하게 관련되어 있다는 사실을 잘 보여준다. PETM이 특별히 관심을 모으고 있는 것은 현재 지구상에 일어나고 있는 급격한 온난화와, 해양과 대기 속으로 대규모 탄소가 유입될 때 일어나는 현상을 이해할 수 있는 과거의 유일한 사례로 여겨지기 때문이다.

빙하기와 간빙기

그린란드와 남극의 빙하 속에 갇힌 공기방울을 연구하면 최근 지질시대(지금부터 약 80만 년 전까지)의 기온과 대기성분을 측정할 수 있다. 남극 보스토크 기지에서 얻은 빙하의 기록을 보면 최근 40만 년 동안 지구의 기온이 10만 년을 주기로 변동하는 모습을 뚜렷하게 볼 수 있다(그림 2-4). 빙하기의 주기가 10만 년임을 증명한 역사적인 자료이다.

함께 측정한 온실가스인 이산화탄소와 메탄의 증감 양상이 기온 변동과 매우 잘 일치한다. 즉 기온이 내려가 빙하기로 가면서 공기 중의 메탄 농도가 낮아지고, 다시 기온이 올라가면 메탄 농도가 높아진다. 이 자료는 전 지구적인 기온 변동이 이들 온실가스의 변동에 의해 조절되었을 가능성을 말해준다. 특히 빙하기(그림에서 온도가 가장 낮은 기간) 쪽으로 추워질 때는 기온의 하강이 완만하게 진행되지만, 빙하기가 끝나면서 기온이 상승하는 때는 기온이 매우 급격하게 올라가는 양상을 보인다.

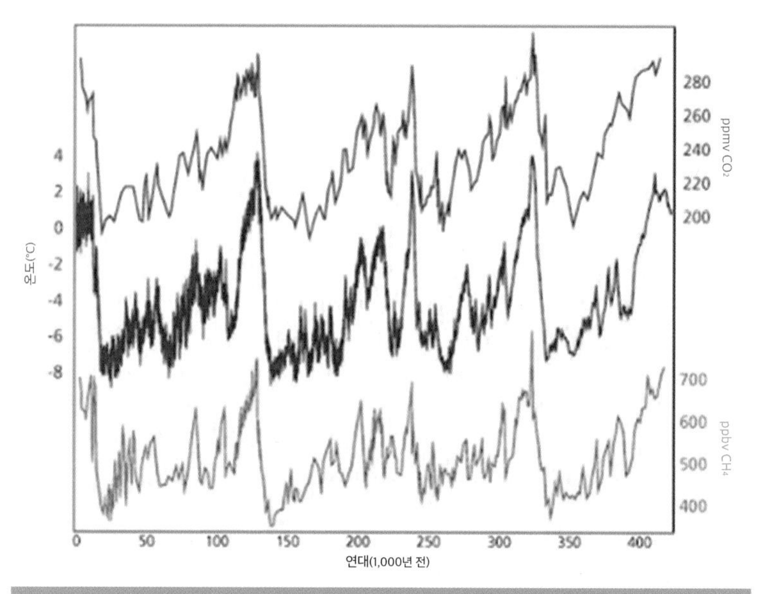

그림 2-4

지난 40만 년 동안 약 10만 년의 주기로 4번의 빙하기가 반복되었음을 보여주는 남극 보스토크 빙하 코아 자료. 적색-기온, 보라색-대기 중 이산화탄소 농도, 녹색-대기 중 메탄 농도.

아직 왜 빙하기가 갑자기 끝나고 기온이 급격하게 상승하는지에 대한 학설이 분분하지만, 일부 과학자들은 이산화탄소보다 강력한 온실가스인 메탄의 급격한 방출에서 그 원인을 찾고 있다. 즉 빙하기가 도래하면 육지의 빙하 양이 늘어나게 되고, 이에 따라 바닷물이 줄어든다. 지난 약 2만 년 전 마지막 최대 빙하기Last Glacial Maximum 시기에는 지구 해수면의 높이가 현재 해수면보다 약 120m 정도 낮았다. 이에 따라 수심이 낮

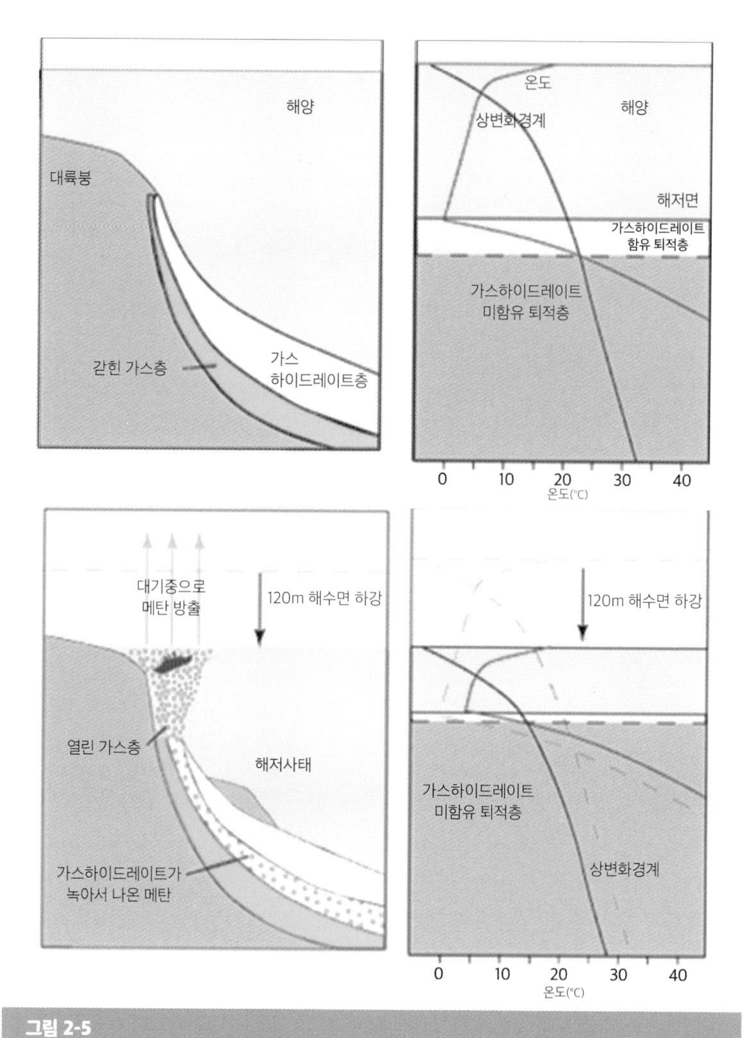

그림 2-5

빙하기 동안 해수면이 낮아지면 안전영역 상부경계 부분에 있던 가스하이드레이트가 해리되어 메탄을 방출하게 된다.

은 대한 해협과 베링 해협 등 해양의 얕은 지역들이 바다 위로 노출되어 육지가 되었다. 일본이나 알래스카를 걸어서 건너갈 수 있었다.

그러자 해양의 가스하이드레이트는 수심이 얕아지면서, 즉 위에서 누르는 바닷물의 양이 줄어들어(수압이 낮아져서) 안정영역이 줄어들고 메탄을 방출하는 환경이 만들어졌다. 학자들은 해수면의 하강은 해양 가스하이드레이트를 불안정하게 하여 메탄을 방출시키고, 이 메탄이 대기 중으로 올라가서 지구온난화를 유발시키거나 증폭시킨 것이 빙하기를 끝내고 온난기로 전환시킨 이유라고 주장하고 있다(그림 2-5).

4. 지구온난화의 시한폭탄, 북극 가스하이드레이트

북극은 최근 50년 동안 지구상에서 가장 빠르게 더워지고 있는 지역이고, 북극 바다얼음의 면적은 급속히 줄어 2012년 사상 최소를 기록하였다. 이런 북극의 하늘과 바다에서 일어나는 온난화 현상과 함께, 북극해의 해저에서도 급격한 변화가 진행되고 있다.

지난 2만 년 전 최대 빙하기 이후 전 세계 해수면은 120m나 높아졌다. 과거 영구동토 지역이었던 북극 해안의 광활한 벌판이 바닷물에 잠겨 현재는 북극해 면적의 절반 이상을 차지하는 얕은 바다(대륙붕)가 되었다.

과학자들은 혹한의 대기 온도에 비해 10도 이상 따뜻한 바닷물이 밀려들어와 대륙붕의 영구동토층과 가스하이드레이트를 녹이고, 그 속에 갇혀 있던 막대한 양의 메탄이 현재 해저에서 방출되고 있다는 가설을 제시하고 있다. 얕은 바다에서 뿜어져 나온 메탄은 쉽게 대기 중으로 올라가 강력한 온실효과로 지구를 덥힐 것이다. 더워진 대기는 바다얼음을 더 녹이고, 데워진 바다는 해저의 얼어 있는 땅을 더 빨리 녹여서 메탄 방출이 더 활발해지는 되먹임feedback 작용이 진행됨에 따라 온난화는 걷잡을 수 없이 가속될 것이다(그림 2-6).

러시아 과학자들이 포함된 미국 알래스카대 연구진은 2010년《사이언스Science》에 발표한 논문을 통해 "북극해 동시베리아 북극 대륙붕 지대에서 메탄가스가 흘러나오며, 그 양이 지구 전체 바다에서 방출되는 양과 맞먹을 정도"라고 보고하였다. 이 지역의 해수에서 다른 바다에 비해 무려 8배나 높은 메탄 농도를 관측하였는데(그림 2-7), 이렇게 높은 메탄 농도는 최근의 급속한 지구온난화에 따라 동시베리아 북극 대륙붕

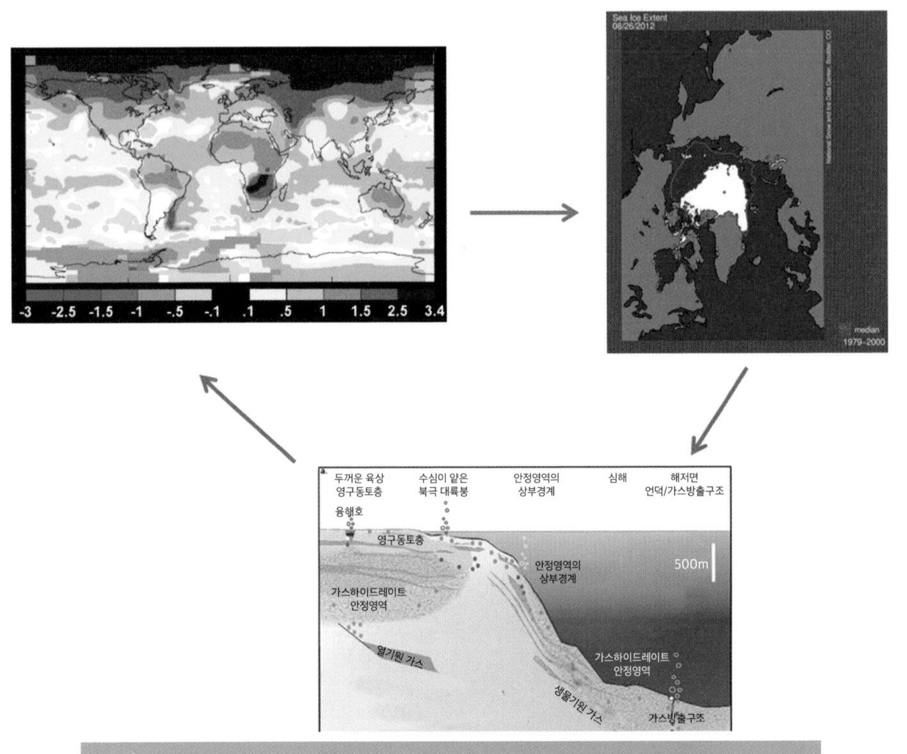

그림 2-6

북극 온난화가 북극 해저의 온도를 상승시켜 막대한 양의 메탄이 대기 중으로 들어가서 다시 온난화를 가속화시키는 되먹임 작용이 지속된다. (위 왼쪽) 지난 50년 동안 지구상의 기온상승도. 북극 지역이 전 세계에서 가장 기온이 많이 상승한 지역에 속함. (위 오른쪽) 2012년 여름 역사상 가장 감소한 북극해 해빙 분포. 적색선은 예년 평균 해빙 분포 범위. (아래쪽) 북극 해저 영구동토층과 가스하이드레이트층이 녹아서 메탄을 방출하는 모습을 보여주는 모식도.

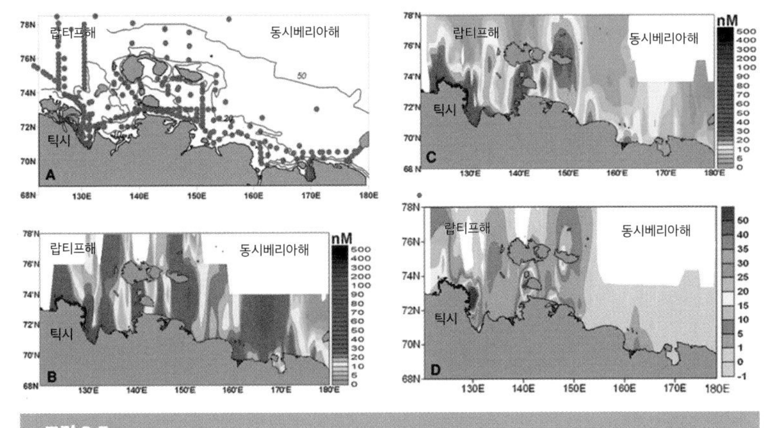

그림 2-7

러시아 동시베리아해에서 관측된 전 세계 해양 평균의 8배에 달하는 높은 해수 메탄 농도(출처 : Sha-kova 외, 2010).

해저의 영구동토대와 가스하이드레이트층이 녹으면서 그 속에 포함된 막대한 양의 메탄이 이미 방출되기 시작했다는 증거라고 주장하였다.

이미 2008년에 유엔환경기구UNEP는 북극 영구동토층이 녹아 강력한 온실가스인 메탄이 대기 중으로 대량 방출되면 지구온난화가 급격히 가속화될 것이라고 예측하였다. 더 높아진 기온은 북극 동토층을 더 녹이고 더 많은 메탄을 방출하게 되는 악순환을 일으켜 돌이킬 수 없는 환경재앙을 가져올 것이라고 경고하였다.

북극에서의 메탄 방출은 이제 전 세계가 주목하는 '지구온난화의 시한폭탄'으로 등장했다. 이런 북극 지역의 영구동토층과 가스하이드레이

그림 2-8

원격조정잠수정ROV을 이용하여 촬영한 캐나다 보퍼트해 대륙붕 해저에서 뿜어져 나오는 메탄 방출 모습.

트가 녹아서 메탄이 방출되는 현상을 북극 현장에서 관측하기 위해 대대적인 국제 연구탐사 활동이 시작되었다. 2009년 11월 시작된 유럽연합EU의 "북극 영구동토층과 가스하이드레이트에서 방출되는 메탄이 기후변화에 미치는 영향 : 장기 모니터링을 위한 유럽협력PERGAMON" 프로그램에는 24개국이 참여하고 있다. 우리나라도 쇄빙연구선 아라온호를 이용하여 2013년부터 북극 보퍼트해 대륙붕 지역에서 가스하이드레이트와 영구동토층 해리에 의한 메탄 방출 현상을 연구하는 한국-캐나다-미국 국제 공동연구 프로젝트를 수행하고 있다(그림 2-8).

남극 빙상 밑의 가스하이드레이트

녹아나는 영구동토층 밑의 가스하이드레이트가 주목받고 있는 북극과는 달리, 남극에서는 남극대륙을 덮고 있는 두꺼운 빙상ice sheet 밑에 존재하는 가스하이드레이트가 관심을 받고 있다.

워덤Wadham 등(2012)에 의하면, 혹독한 환경에도 불구하고 남극 빙상 아래에 분포하는 두꺼운 퇴적층에서는 미생물들이 활발하게 활동하여 막대한 양의 메탄을 만들어내고 있다. 이런 메탄은 차가운 온도와 두꺼운 빙상이 누르는 높은 압력 때문에 가스하이드레이트를 만든다. 서남극에서는 빙상 밑 퇴적층 300m 깊이까지, 동남극에서는 700m 깊이까지 가스하이드레이트가 만들어질 수 있다. 이들에 의하면 남극 빙상 밑에 분포하는 가스하이드레이트의 총량은 대략 북극 영구동토층에 매장된 가스하이드레이트 총량과 비슷할 것이라고 한다.

만일 온난화에 의해 남극의 빙상이 점차 줄어들면, 빙상이 누르던 압력이 감소하여 빙상 밑의 가스하이드레이트가 녹기 시작할 것이다. 이렇게 가스하이드레이트가 녹으면서 방출하는 막대한 양의 메탄이 대기 중으로 들어가면 지구온난화를 가속화시키는 또 하나의 시한폭탄이 될 것이다.

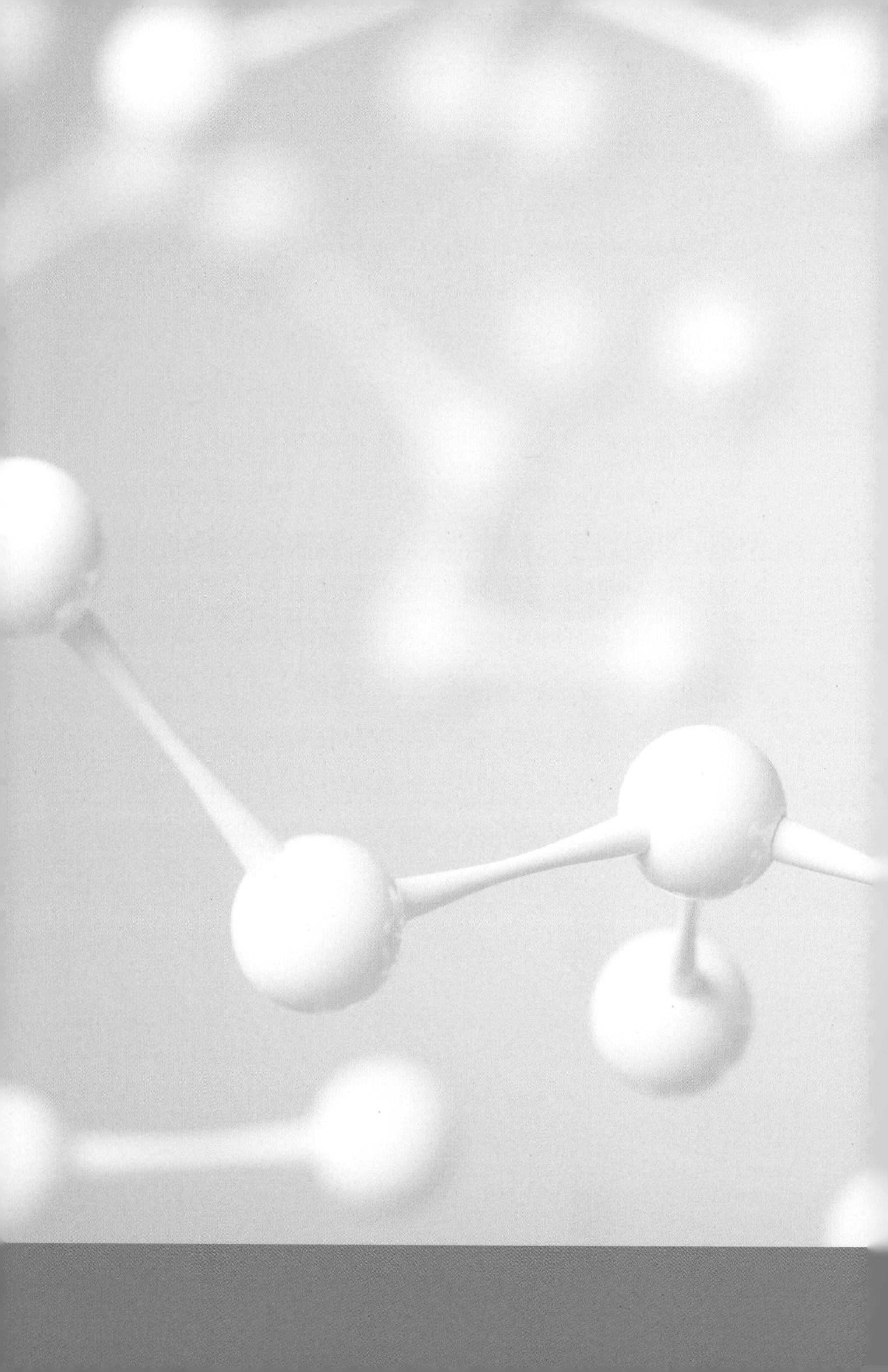

3장

청정한 미래 에너지, 가스하이드레이트

가스하이드레이트는 자신의 부피의 약 160배에 달하는 메탄을 품고 있는 놀라운 물질입니다. 우리가 현재 사용하고 있는 천연가스의 주성분이기도 한 메탄은 연소되면 이산화탄소와 물만을 생성하기 때문에 석탄이나 석유 같은 다른 화석에너지에 비해 매우 청정한 에너지원이죠.
전 세계 에너지 수요가 빠르게 늘어나고 있는 이때, 가스하이드레이트에서 메탄을 뽑아 쓸 수 있으면 미래 에너지 문제를 해결할 가능성이 높습니다.

1. 가스하이드레이트는 얼마나 많이 있나요?

현재까지 탐사가 이루어지지 않은 지역이 많고 가스하이드레이트에 대해 여전히 모르는 사실들이 많기 때문에, 가스하이드레이트가 전 지구상에 얼마나 있을지를 정확하게 알기는 어렵다. 그저 지금까지는 현재 사용 중인 화석연료(석탄, 석유, 가스 등)의 총량보다 훨씬 많은 양이 있을 것으로 추정할 뿐이다.

가스하이드레이트가 발견되자마자 과학자들은 전 세계에 매장된 하이드레이트 안에 들어 있는 메탄의 총량을 추정하기 시작했다. 그렇게 여러 추정치들이 발표되었는데, 제시된 매장량의 크기가 수천 배의 차이를 보인다.

그림 3-1은 지난 40여 년 동안 제시되었던 전 세계 가스하이드레이트 추정매장량의 변화를 보여주는 도표이다. 해저에서 처음 발견되기 전인

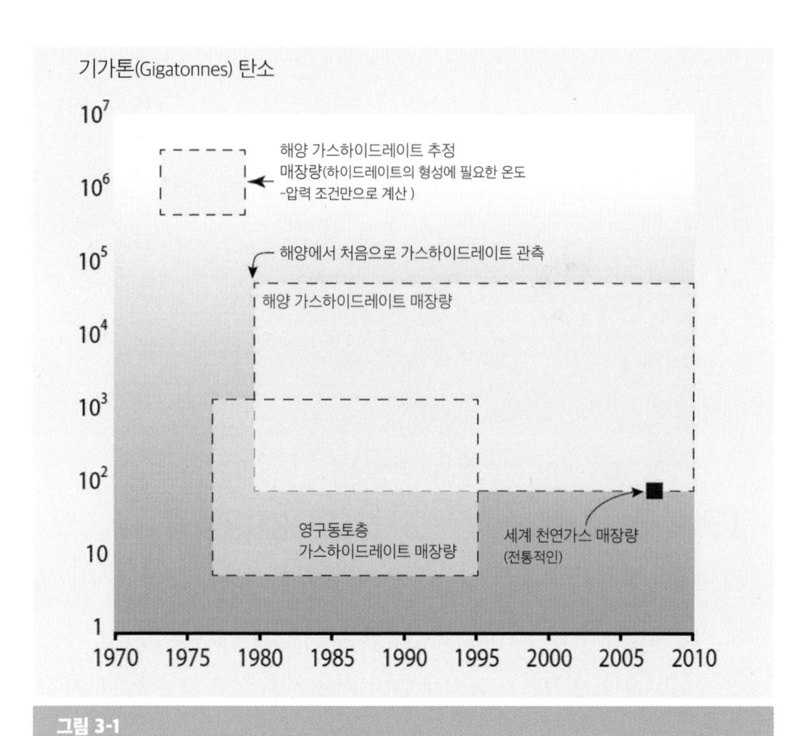

그림 3-1

1970년 이후 제시된 전 세계 가스하이드레이트 매장량(출처 : Fronzen Heat).

1970년대 초에는 가스하이드레이트가 전 세계에 엄청난 양이 매장되어 있는 것으로 발표되었다(그림 왼쪽 위의 녹색 사각형). 이때의 추정량은 그림의 오른쪽 아래에 검은색 사각형으로 표시된 2000년대 후반에 제시된 석탄, 석유, 가스 등 전통 화석연료 매장량에 비해 수천 배 이상 되는 엄청난 양이다. 가스하이드레이트가 존재할 수 있는 온도와 압력 조건을 충족시키는 안정영역의 총면적을 이론적으로 계산하여 매장량을 추정했기 때문이다.

이후에 전 세계에서 가스하이드레이트가 속속 발견되면서 가스하이드레이트는 메탄의 공급이 충분한 해양의 대륙 주변부와 육상의 영구동토층 지역에 분포한다는 사실을 알게 되었다. 더 상세한 지식이 쌓이면서 매장량 추정에 필요한 중요한 정보들이 개선됨에 따라 전 세계 하이드레이트 추정매장량은 크게 줄어들었다.

화석연료 매장량 훨씬 넘어설 것으로 추정

특히 최근에 북극권에 속하는 알래스카와 캐나다 북부 육상지역, 멕시코만과 일본 동부 난카이 해역 등 가스하이드레이트 대표 지역에서 생산을 목표로 한 심부시추를 통해 이들 지역의 가스하이드레이트 분포와 매장량에 대한 보다 정확한 자료를 얻을 수 있었다.

퇴적층의 종류가 가스하이드레이트 형성에 중요한 역할을 하고, 가스하이드레이트 함유량이 2%도 채 안 되는 세립질의 점토질이나 니질 퇴적층에 대부분 포함되어 있다는 사실도 밝혀졌다. 이에 따라 경제적으로 에너지 생산이 가능한 높은 함량의 가스하이드레이트를 가진 사질 퇴적층을 찾는 것이 주요 목표가 되었다.

현재는 전 세계 가스하이드레이트 매장량을 대략 $1\sim10\times10^{15}m^3$ 범위로 추정하고 있다. 이 매장량은 여전히 전 세계 화석연료의 매장량을

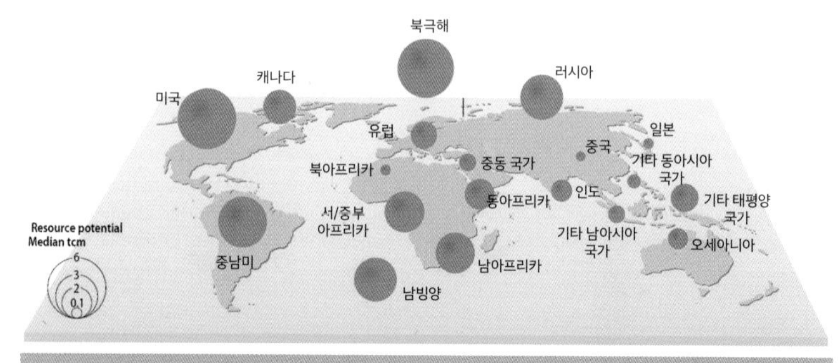

그림 3-2

전 세계 지역별 가스하이드레이트의 매장량(출처 : Fronzen Heat).

훨씬 넘어선다. 그림 3-2는 전 세계 지역별 가스하이드레이트 매장량을 보여준다. 우리나라를 비롯한 일본, 중국, 인도 등 에너지 자원이 부족한 국가들이 하이드레이트로부터 가스를 생산하기 위해 국가적으로 많은 노력을 하고 있다.

가스하이드레이트에는 부피의 160배에 달하는 메탄이 압축되어 저장되어 있다. 우리 주위에서 흔히 사용되고 있는 천연가스는 약 90%가 넘는 메탄과 적은 양의 에탄, 그리고 다른 탄화수소 가스로 구성된 에너지원이다. 가스하이드레이트가 개발되면 천연가스를 이용하는 현재의 기구나 장치를 그대로 사용할 수 있다.

천연가스는 부엌에서 취사용으로 쓰는 도시가스나 CNG Compressed Natural Gas : 압축천연가스라고 쓰여진 버스의 연료로 사용되며 전기를 만드는 발전소에서도 많이 사용된다. 사용하는 범위가 넓어지면서 천연가스는 현재 전 세계적으로 가장 빠르게 소비량이 늘어나고 있는 중요한 에너지원이다. 국제에너지기구에서는 개발도상국들의 수요가 늘면서 2025년에는 2001년에 비해 천연가스 소비량이 2배로 늘어나고, 전 세계 에너지 사용량의 28%를 차지할 것으로 예상하고 있다. 특히 천연가스는 석유나 석탄보다 오염물질을 적게 만들고, 원자력처럼 논란이 많지도 않기 때문에 많은 나라들이 사용을 늘려가는 추세이다. 대도시의 심각한 대기오염을 겪고 있는 중국의 경우 석탄에서 천연가스로 빠르게 연료를 바꾸려는 정책을 시행하고 있다.

천연가스는 다른 모든 화석연료에 비해 에너지 단위당 탄소 함량이 가장 적은 청정한 에너지원이다. 천연가스를 연료로 사용하는 자동차는 휘발유를 사용하는 자동차에 비해 지구온난화의 주범으로 지목되고 있는 이산화탄소를 약 20%나 적게 배출한다. 또한 우리가 마시는 공기를 심각하게 오염시키는 일산화탄소는 약 70%, 비메탄 유기물가스는 89%, 질소산화물은 87% 정도 적게 배출한다. 따라서 천연가스를 사용할 경우 산성비나 지구온난화 같은 환경문제를 크게 줄일 수 있기 때문에 미래에는 운송수단에 더 많이 사용될 것이다.

천연가스는 청정에너지이긴 하지만, 가스이기 때문에 운반과 저장 과정이 석유자원에 비해 매우 복잡하다. 액체인 석유는 생산하면 바로 시장으로 쉽게 운반할 수 있는 반면에, 천연가스를 시장으로 운반하기 위해서는 파이프라인이나 액체로 만들어서 운반하는 LNG 시설과 같은 대규모 기반시설이 반드시 있어야 한다. 그런데 긴 거리의 파이프라인은 안보에도 취약하고 국제정치적 상황에 영향을 받을 수 있다. 큰 가스전이 있다고 해도 시장에서 멀리 떨어져 있으면 운송문제 때문에 개발이 이루어지기 어려운 경우가 많다.

파이프라인이나 LNG선과 같은 기존의 운송방법을 대신할 새로운 방법들이 현재 개발 중이다. 높은 압력을 가해 가스를 액체로 바꾸는 GTLgas to liguids 운송법, 가스하이드레이트를 이용한 운송법 등을 들 수 있다. 이런 운송법들은 특히 시장에서 멀리 떨어진 가스전들에 적합하다.

2. 가스하이드레이트 자원 피라미드

지구상에 막대한 가스하이드레이트가 분포하고 있지만, 하이드레이트를 함유하고 있는 퇴적층의 종류에 따라 생산가능성은 크게 달라진다. 퇴적층의 공극률이 가장 중요한 역할을 한다. 또한 가스 생산 이후의 처리와 운송 같은 문제와 관련된 기존 기반시설의 유무도 경제성 있는 생산가능성을 평가하는 데 중요한 요인이다.

그림 3-3은 퇴적층의 종류와 기존 가스 생산 기반시설의 유무를 생산가능성과 연관시켜 미국 에너지성에서 발표한 가스하이드레이트 자원 피라미드이다. 위쪽으로 가면서 경제적인 생산가능성이 높아진다. 각 자원이 차지하는 면적은 매장량을 나타낸다.

맨 꼭대기에는 가장 유망하고 쉽게 생산할 수 있는 자원들이 위치한다. 피라미드의 형태는 생산가능성이 높을수록 매장량이 크게 줄어드는 상황을 잘 보여준다. 가장 위쪽에는 기존의 기반시설과 근접하고 양질의 사암층 내에 높은 함유량을 보이는 가스하이드레이트가 자리잡고 있다. 이에 해당하는 자원은 알래스카의 북부사면과 캐나다 북극 말릭 지역 같은 육상 영구동토층에 분포하는 가스하이드레이트이다(그림 1-12Ⓕ).

꼭대기 바로 밑 단계에는 꼭대기 자원과 비슷한 성격을 가지고 있지만 기반시설로부터 멀리 떨어진 북극의 가스하이드레이트 자원이 위치한다. 세 번째 단계는 해양에 분포하는 양질의 사암 안에 포함된 중상급

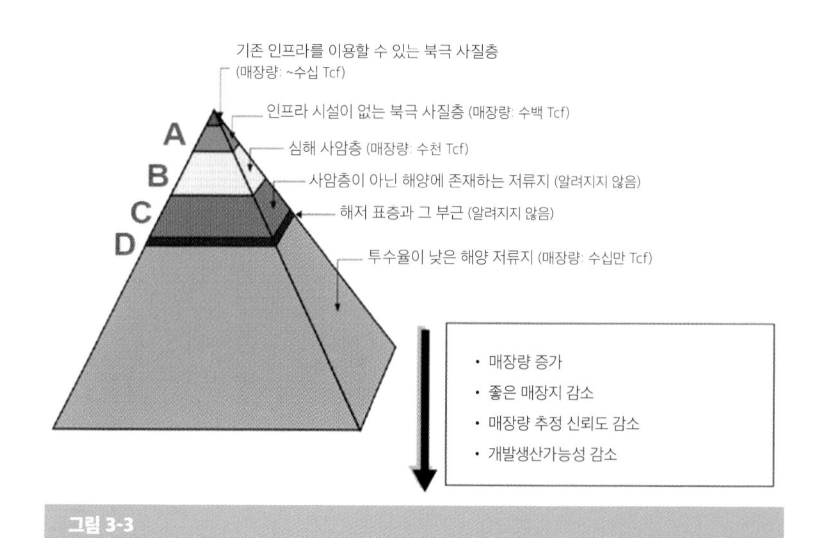

그림 3-3

가스하이드레이트 자원 피라미드(출처 : Boswell and Collett, 2006).

함유량의 가스하이드레이트가 해당한다. 해양에서의 생산은 육상에 비해 비용이 많이 들 것이다. 이런 종류의 자원은 기반시설에 가까운 미국의 멕시코만과 일본의 난카이 해양분지에 분포하는 가스하이드레이트이다(그림 1-12Ⓒ).

그 다음 아래 단계는 고화되지 않은 낮은 투과율을 가진 점토나 니질 퇴적층 사이에서 자주 나타나는 가스하이드레이트이다. 이런 가스하이드레이트는 퇴적층 사이에 발달한 파쇄대를 채우거나 단괴nodule나 얇은 층을 형성한다(그림 1-12Ⓑ). 이런 종류의 가스하이드레이트는 낮은 투과율 같은 요인들 때문에 현재의 기술로는 생산하기가 매우 어렵다.

깊은 곳의 가스나 유체가 압력을 받아 해저면 근처까지 솟아올라 형성되는 진흙화산mud volcano과 진흙기둥mud diapir 같은 퇴적구조에는 높은 순도의 가스하이드레이트가 집적되어 해저면에 노출되는 경우가 있다(그림 1-12Ⓐ Ⓓ). 이런 구조에서 가스하이드레이트를 개발하는 것은 안전상의 문제나 해양 생태계와 환경에 미치는 피해를 감안할 때 상당히 어려울 것이다.

마지막으로 피라미드의 바닥에는 가장 많은 양이 존재하지만 기술적으로 거의 생산이 불가능한 가스하이드레이트가 위치한다(그림 1-12Ⓔ). 이 가스하이드레이트는 넓은 지역에 산재되어 양은 많지만, 함유량이 퇴적층 체적의 10% 이하로 너무 낮아서 경제적으로나 기술적으로나 생산 가능성이 없다.

가스하이드레이트로부터 메탄을 상업적으로 생산할 수 있는 첫 번째 장소는 기존 석유·가스 생산이 이루어진 인프라가 잘 갖추어진 북극의 영구동토층 지역이 될 것이다. 접근할 수 있는 도로와 가스를 처리할 시설이 갖추어져 있고, 운송할 파이프라인이나 항구가 존재하는 곳이다. 가스하이드레이트를 해리시켜 생산된 가스는 기존의 가스처리·수송 방식을 이용해서 소비자에게 도달할 것이다.

3. 가스하이드레이트는 어떻게 찾나요?

가스하이드레이트의 물리적 특성

하이드레이트는 수백 가지의 게스트guest 분자로 만들어질 수 있다. 대부분의 게스트 분자들은 앞서 살펴본 구조I과 구조II 하이드레이트를 만든다. 하이드레이트는 대체적으로 얼음과 유사한 성질을 가지지만, 한편으로는 다른 특성을 보이기도 한다.

하이드레이트의 밀도는 가장 기본적이고 유용한 물성 중 하나이다. 밀도는 어떤 물질의 주어진 부피에 대한 질량을 말한다. 하이드레이트는 결정구조이기 때문에 결정의 격자lattice 크기와 동공cage을 채우고 있는 게스트 분자들의 개수를 가지고 밀도를 정할 수 있다. 순수한 얼음의 밀도는 917kg/m^3이다. 게스트 분자가 메탄인 구조I 하이드레이트의 밀도는 911kg/m^3, 에탄인 구조I 하이드레이트의 밀도는 951kg/m^3이다. 분자가 무거운 이산화탄소 구조I 하이드레이트의 밀도는 1086kg/m^3에 달한다.

물질의 열전도도thermal conductivity는 열이 그 물질을 통해 얼마나 잘 전달되는지를 나타내는 척도이다. 하이드레이트의 열전도도는 얼음에 비해 5분의 1 정도로 매우 낮다. 얼음에 비해 열이 잘 전달되지 않는다는 뜻이다. 하이드레이트 동공 안에 들어 있는 기체 분자들이 열의 흐름을 방해하거나 늦추기 때문이다. 하이드레이트의 열전도도는 열을 주입해서 가스하이드레이트를 녹여 가스를 생산할 때 고려해야 할 중요한 물성이다.

또 다른 하이드레이트의 중요한 열적 특성은 해리열heat of dis sociation이다. 물과 가스가 하이드레이트로 만들어질 때는 얼음과 마찬가지로 열을 방출하는 발열반응이 일어난다. 반면에 하이드레이트가 녹을 때는 열을 흡수하는 흡열반응이 일어난다. 흡열반응이 일어나면 주위의 온도를 낮춘다. 이런 흡열작용 때문에 해저에서 채취된 가스하이드레이트가 연구선 위에 올라올 때까지 녹지 않고 남아 있게 된다. 하지만 가스하이드레이트를 녹여서 가스를 생산할 때는 얼음이나 하이드레이트가 다시 생기는 경우가 발생하게 되어 생산관이 막히는 피해를 준다.

순수한 하이드레이트는 얼음보다 20배 정도 강도가 높다. 압축실험을 하면 얼음이 순수한 메탄 하이드레이트보다 훨씬 빨리 변형을 받는다. 실험실에서 퇴적물에 가스하이드레이트의 함유량을 증가시키면 공학적 강도가 크게 높아지는 것을 관찰할 수 있다.

이는 퇴적층에 들어 있는 가스하이드레이트를 생산할 때 매우 중요한 고려사항이다. 가스하이드레이트를 해리시켜 가스를 생산하면 퇴적층의 강도가 크게 떨어지면서 지반 침하를 유발할 수 있다. 이렇게 되면 시추장비를 손상시키고, 가스가 새어나와 화재 등 매우 위험한 상황을 일으켜 시설과 인명에 막대한 피해를 발생시킬 수 있다.

얼음과 마찬가지로 하이드레이트는 전기가 거의 통하지 않는 부도체이다. 가스하이드레이트 퇴적층을 시추하면서 전기저항값을 측정할 때 특별히 높은 값을 보이는 구간이 나타나면 가스하이드레이트층을 발견할 수 있다. 가스하이드레이트가 들어 있지 않은 퇴적층의 전기저항값과 비교하여 높아진 증가값을 이용해서 가스하이드레이트의 매장량을 계산할 수도 있다.

가스하이드레이트는 높은 탄성파 속도를 보인다. 탄성파는 탄성매질을 통해서 탄성진동 형태로 전파되는 파동을 말한다. 공기를 주로 매질로 하는 음파, 물을 매질로 하는 수면파, 지구 내부 물질을 매질로 하는 지진파 등이 탄성파에 속한다. 물에서의 P파 속도는 약 1.5km/s, 고화되지 않은 퇴적층은 1.6~2.5km/s 범위의 속도인 데 비해, 하이드레이트는 약 4km/s로 매우 빠른 속도를 보인다(표 3-1). 하이드레이트가 들어 있는 퇴적층은 하이드레이트 함유량에 따라 2.05~4.5km/s 범위의 속도를 나타낸다. 반면에 가스는 탄성파 속도를 크게 감소시켜 가스를 함유한 퇴적층의 속도는 0.16~1.45km/s를 보인다. 전기 비저항과 마찬가지

물성	공극수를 함유한 퇴적층	하이드레이트를 함유한 퇴적층	순수한 하이드레이트	가스를 함유한 퇴적층
P파 속도(km/sec)	1.6~2.5	2.05~4.5	3.25~3.6	0.16~1.45
S파 속도(km/sec)	0.38~0.39	0.14~1.56	1.65	–
비저항(ohmm)	1~3	–	150	–

표 3-1. 가스, 가스하이드레이트, 가스하이드레이트를 함유한 퇴적층의 탄성파 속도와 비저항(출처 : 위키피디아)

로 퇴적층의 속도 증가값을 이용하여 하이드레이트를 찾고 매장량을 측정할 수 있다.

시추 방법

1장에서 설명한 것처럼, 가스하이드레이트가 존재할 수 있는 안정 영역 구간은 육상의 영구동토층 지역에서는 지하 약 200m부터 최대 1,100m 깊이까지, 해저에서는 수심이 약 300m보다 깊은 해저면부터 최대 수백 미터 깊이까지이다.

땅속에 가스하이드레이트가 있는지를 직접적으로 확인하려면 땅을 뚫어서 시료를 채취해야 한다. 해저면이나 해저면 하부 수 미터에서 수십 미터까지의 퇴적물이나 가스하이드레이트 시료는 코아링coring 방법을 이용해서 채취할 수 있다. 코아링은 약 5~15cm 직경의 원통형 쇠파이프 내부에 플라스틱 파이프를 장착해 만든다(그림 3-4). 파이프 맨 위쪽에 무거운 추를 달아서 수직으로 내려 무게로 해저 퇴적층을 파고들도록 고안한 장비이다. 해저 퇴적물이 비어 있는 플라스틱 파이프 안으로 들어가도록 해 채취하는 방식이다. 대부분의 연구선에서는 수 미터 길이의 짧은 코아링 장비를 사용한다(그림 3-5).

수십 미터의 긴 코아링을 하기 위해서는 특별히 고안된 롱코아링long coring 시스템을 갖추어야 한다. 길이가 길어서 연구선의 옆면에 설치해야 하고, 획득한 퇴적물과 추의 무게가 수십 톤에 달하기 때문에 장비를 내

그림 3-4

해저 퇴적물을 획득하기 위한 코아링 장비 모식도(출처 : https://images.app.goo.gl/5uDGncbiFiJczzxg6).

리고 올리기 위해서는 특수한 작동장치를 갖추어야 한다. 이 장비를 장착하기 위해서는 대형 연구선이어야 하고, 고가의 장비와 숙련된 기술자들이 필요하기 때문에 전 세계적으로도 롱코아링 시스템을 운영하는 연구선은 많지 않다. 현재 아라온호에는 30m 길이의 롱코아링 시스템이 장착되어 있다(그림 3-6).

지하 수백 미터까지 분포하는 가스하이드레이트층을 모두 뚫어보기 위해서는 심부시추 작업이 필요하다. 지하 깊은 곳에 있는 석유나 가스를 찾기 위해 실시하는 시추작업과 같다. 해저 환경에서 가스하이드레이트를 찾기 위해 처음 시도한 국제적 시추 프로그램은 연구선 글로마챌린저Glomar Challenger 호를 이용한 심해저굴착계획Deep Sea Drilling Project(DSDP, 1968~1983, Leg 1-69)이었다(그림 3-7).

1980년대 초기, DSDP를 통해 전 세계 여러 해역에서 가스하이드레이트가 채취되면서 가스하이드레이트가 자연계의 중요한 일부로 밝혀졌다. DSDP는 이후에 ODPOcean Drilling Program(1985~2004)와 IODPIntegrated Ocean Drilling Program(2004~2013), International Ocean Discovery Program(2013~현재)로 이어지면서 심해시추 연구를 계속 수행하였다. 가스하이드레이트는 ODP와 IODP의 핵심 연구주제의 하나로, 전 세계 많은 해역에서 가스하이드레이트를 찾는 심해시추 작업이 진행되었다(그림 3-8).

2000년대 들어와서는 북극 육상 영구동토층 지역에서 가스하이드레

그림 3-5

쇄빙연구선 아라온호에 설치된 해저 퇴적물 코아링 장비.

그림 3-6

쇄빙연구선 아라온호에 장착된 롱코아링 시스템.

이트를 시험생산하기 위한 심부시추 프로젝트가 시작되었다. 캐나다 북극 말릭 지역에서 2001년부터 2008년까지 수행된 국제 공동연구 프로젝트에서는 지하 1,160m까지 시추하여 세계 최초로 가스하이드레이트

그림 3-7

DSDP시추선 글로마챌린저호Glomar Challenger(출처 : http://www.iodp.tamu.edu/publicinfo/glomar_challenger.html).

에서 가스를 생산하는 데 성공하였다(그림 3-9). 이어서 2018년 말 미국과 일본 공동연구팀이 알래스카 북부지역에서 가스하이드레이트를 시험생산하였다.

가스하이드레이트는 압력이 낮아지고 온도가 올라가면 해리되기 때문에, 코아링이나 시추작업으로 채취하기가 쉽지 않다. 깊은 지층 속에 있던 가스하이드레이트가 채취되어 수백 미터 위 지상까지 올라오는 과정에 압력이 낮아지고 온도가 상승해서 녹아버린다.

코아를 열지 않고 가스하이드레이트가 들어 있는지를 빨리 확인하기 위해서 열영상을 측정하기도 한다. 하이드레이트가 녹을 때 주위의 열

그림 3-8

ODP와 IODP 시추선들(왼쪽). 조이데스레절루션호Joides Resolution(오른쪽) 치큐호Chikyu(출처 : IODP).

을 빼앗는 흡열반응이 일어나기 때문에 가스하이드레이트를 포함한 퇴적물은 열영상에서 주위보다 낮은 온도를 나타낸다.

가스하이드레이트가 녹아서 보이지 않아도 원래 어느 정도 있었는지를 알 수 있는 방법이 있다. 가스하이드레이트가 만들어질 때는 순수한 물과 메탄을 이용한다. 그래서 다시 녹을 때에는 가스하이드레이트에서 물이 나와 인근 퇴적물 속에 들어 있는 공극수의 염분을 희석시킨다. 따라서 가스하이드레이트가 있었던 퇴적물과 없었던 퇴적물의 염분도 차이를 측정하면 녹기 전의 가스하이드레이트 양을 추정할 수 있다.

채취된 하이드레이트를 녹지 않게 오래 보관하려면 가능한 빨리 -160℃를 유지하는 액체질소통에 넣어야 한다. 채취된 가스하이드레이트를 그대로 보관하는 또 다른 방법으로는 가스하이드레이트가 채취된 지층의 압력을 유지하면서 코아링을 하는 것이다. 사용되는 압력 코아기는 채취하는 동안 시료가 있는 위치의 압력을 계속 유지하고, 채취한 후에도 그 상태로 보관할 수 있는 장비이다. 이 방법은 하이드레이트가 본래 있었던 지층 환경에 가장 비슷한 상태에서 연구를 할 수 있게 한다. 가장 좋은 방법이지만 압력을 유지하기 위해서는 고가의 특수한 장비를 사용해야 하기 때문에 아직은 제한적으로 사용되고 있다. 보다 정밀하게 하이드레이트를 연구하기 위해 다양한 첨단장비가 현재 개발되고 있다.

이처럼 채취하는 동안 가스하이드레이트를 그대로 보존시키기 어렵고, 원래 있던 환경을 유지시키는 것도 무척 어려운 일이다. 가스하이드

그림 3-9

2002년 캐나다 북극 말릭 지역에서의 가스하이드레이트 시험생산 모습.

레이트를 채취하지 않고 있던 자리에서 바로 측정을 할 수 있다면 가장 좋은 방법이 될 것이다. 해저면에 드러난 하이드레이트의 경우에는 실험실에서 사용하는 첨단 분석장비를 원격조정잠수정Remotley-operated

그림 3-10

ROV를 이용한 해저 가스하이드레이트 연구(출처 : https://www3.mbari.org /expeditions/Northern09/L3/aug5.htm).

Vehicle: ROV에 부착시켜 바다 밑에 내려서 가스하이드레이트에 대한 자료를 측정할 수 있다. 부착된 측정장비를 이용해서 그 자리에 있는 가스하이드레이트의 구조와 성분을 분석하고, 바다 밑 환경에서 가스하이드레이트로부터 녹아나오는 메탄의 양을 정확히 측정한다(그림 3-10).

수백 미터 깊이에 분포하는 가스하이드레이트를 채취하기 위해 심부시추를 할 경우에는 시추공 로깅well logging 방법을 사용하여 가스하이드

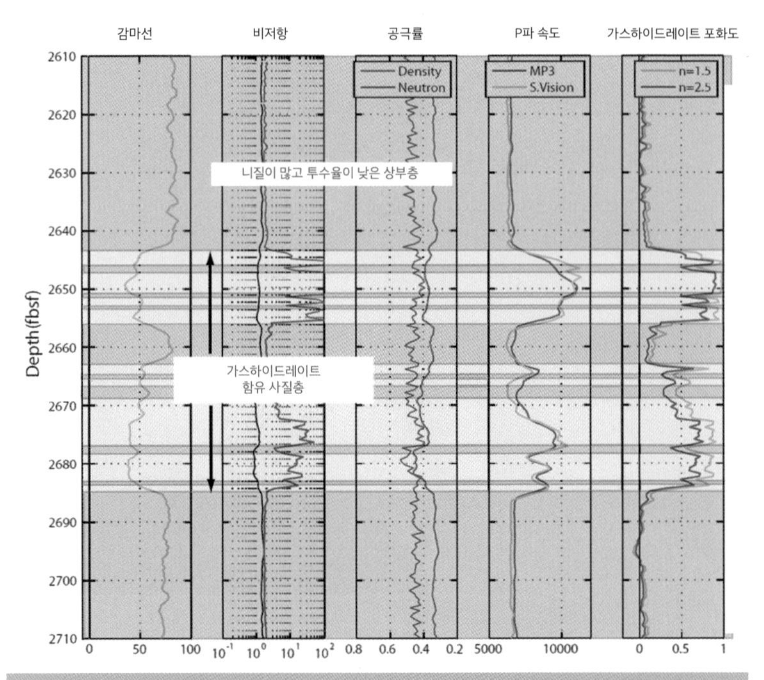

그림 3-11

2009년 멕시코만에서 실시된 가스하이드레이트 심부시추공에서 획득한 로깅 자료. 가스하이드레이트 퇴적층(녹색 구간)에서 속도와 비저항값이 크게 높아진다(출처 : Frozen Heat).

레이트가 어느 깊이에 어느 정도 있는지를 먼저 확인할 수 있다. 하이드레이트에 사용되는 일반적인 시추공 로깅 계측기는 깊이별로 시추공 주변 퇴적층의 밀도, 진기 저항, 음파 속도를 포함한 여러 가지 물성을 측정한다. 퇴적층 안에 가스하이드레이트가 존재하면 이런 물성값이 바뀌기 때문에 가스하이드레이트가 있는 곳을 찾을 수 있다(그림 3-11).

여러 가지 측정값을 종합하면 가스하이드레이트층의 특성을 정확하게 파악할 수 있다. 탄성파 속도, 밀도, 비저항과 NMRnuclear magnetic resonance 측정값을 종합적으로 분석하면 가스하이드레이트의 함유량을 정밀하게 추정할 수 있다.

지구물리 탐사방법

직접 땅을 뚫는 심부시추 방법은 가스하이드레이트를 찾는 가장 확실한 방법이지만 막대한 비용이 든다. 또한 넓은 면적의 가스하이드레이트 지역을 좁은 간격으로 촘촘히 시추하는 일도 가능하지 않다. 석유와 가스를 찾을 때와 마찬가지로, 넓은 지역에서 가스하이드레이트를 찾고 매장량을 추정하기 위해서는 지구물리 탐사방법을 이용한다.

지구물리 탐사방법은 가스하이드레이트가 갖는 특징적인 물성을 탐지하는 방법이다. 가장 많이 이용하는 물성은 앞에서 소개한 탄성파 속도이다

탄성파 신호는 매질의 물성이 균질하면 반사가 일어나지 않고 계속 앞으로 전파되지만, 물성의 차이가 나는 매질을 만나면 그 경계에서 반사신호가 생겨 되돌아온다. 이런 반사신호를 수신해서 자료처리를 하면 땅속의 영상을 만들 수 있다. 이는 병원에서 사용하는 초음파 진단방법과 비슷하다. 초음파 신호를 발생시켜 몸속에 보내면 간이나 신장과 같은 장기에서 신호가 반사되어 나온다. 수신한 초음파 신호를 이용하여

영상을 만들면 장기의 모습과 상태를 알 수 있다.

수 킬로미터 깊이까지의 지층 영상을 만들기 위해서는 강력한 탄성파 신호를 이용한다. 탄성파 신호를 땅속으로 보내서 돌아오는 시간과 진폭을 가지고 해지 지층의 모습과 지층의 특성을 알아내는 방법이다. 육상에서는 다이너마이트와 같은 폭약을 쓰는 경우가 많고, 해양에서는 고압의 공기를 만들어 터트리는 에어건air gun을 주로 사용한다. 그림 3-12는 다중채널 탐사파 탐사의 모식도이다.

가스하이드레이트가 들어 있는 퇴적층은 다른 퇴적층에 비해 탄성파 속도가 빠르다. 따라서 가스하이드레이트 퇴적층과 일반적인 퇴적층의 경계면에서 반사신호가 발생한다. 특히 가스하이드레이트 퇴적층 아래에 탄성파 속도가 매우 느린 가스 퇴적층이 존재하는 경우에는, 두 지층의 경계면에서 반사되어온 신호가 매우 커서 탄성파 단면도(반사된 탄성파 신호를 수신해서 만든 지층영상도)가 매우 뚜렷하게 나타난다. 이 반사층을 해저면 모방 반사층bottom simulating reflector : BSR이라고 하는데, 가스하이드레이트를 찾는 데 가장 많이 이용된다.

1장에서 알아본 가스하이드레이트 안정영역GHSZ으로부터 BSR이 생기는 이유를 설명할 수 있다. 그림 1-8과 그림 1-9를 보면, 해양의 경우 가스하이드레이트가 존재할 수 있는 GHSZ는 해저면에서 최대 수백 미터 깊이까지의 구간에 국한된다. 이 구간의 지층에서 만들어졌거나 더 깊은 구간에서 만들어져서 이 구간으로 올라온 메탄은 가스하이드레이

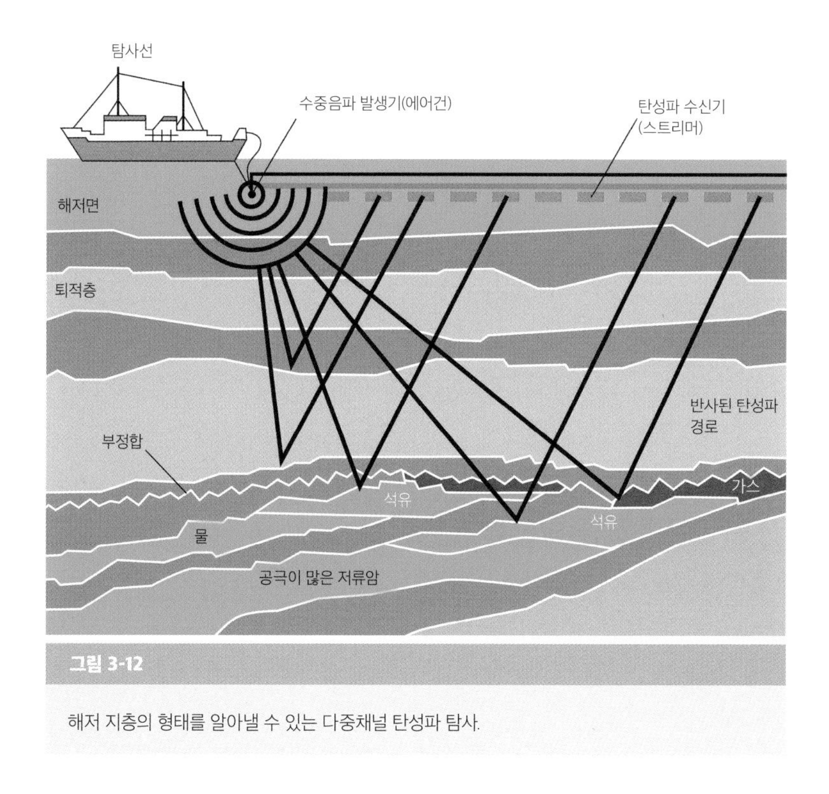

그림 3-12

해저 지층의 형태를 알아낼 수 있는 다중채널 탄성파 탐사.

트를 만든다. 따라서 GHSZ의 하부경계 위에는 가스하이드레이트가, 아래에는 가스가 존재하는 지층이 나타난다. BSR은 가스하이드레이트가 들어 있는 지층과 가스가 들어 있는 지층들 사이의 탄성파 속도 차이 때문에 나타나는 강한 탄성파 반사면이다. 같은 지역에서는 GHSZ의 두께가 대체적으로 일정하기 때문에 BSR은 해저면 지형과 평행하게 발달해

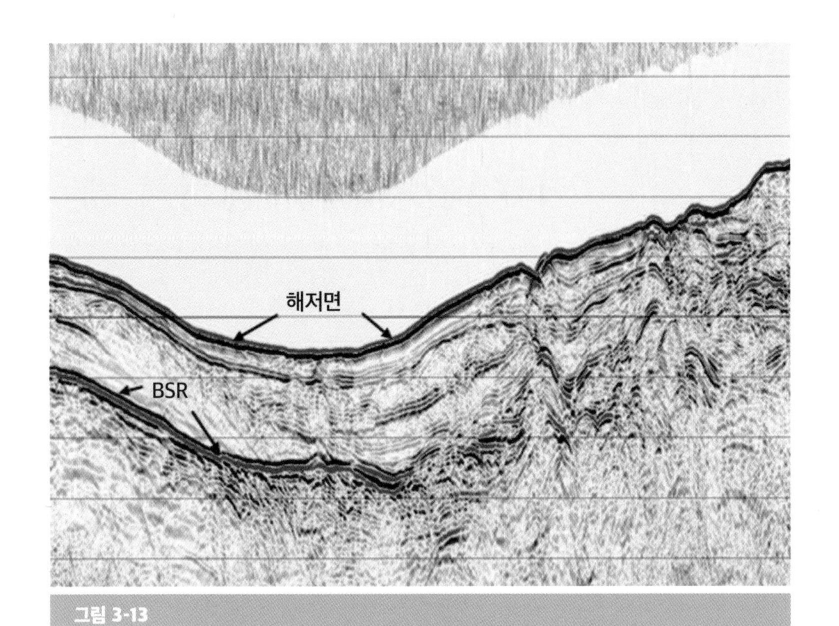

그림 3-13

북극 척치 해저고원에 발달한 가스하이드레이트 BSR.

서 해저면 모방이라는 명칭을 가진다.

가스하이드레이트 BSR을 구별하는 탄성파 신호 특징은 파형 역전이다. BSR에서 반사되어 돌아온 탄성파 신호의 파형이 원래 발생시켜서 보낸 탄성파 신호의 파형과 역전된 모양을 보인다. 파형 역전 현상은 탄성파 신호가 속도가 높은 매질(가스하이드레이트층)에서 낮은 매질(가스층)로 진행될 때 일어난다. 탄성파 단면도에서는 정상적인 파형을 가진 해저면 반사신호와 비교하여 BSR의 파형 역전을 구별한다.

BSR을 한눈에 구별할 수 있는 좋은 방법은 탄성파 단면도에서 BSR이 주위의 지층을 뚫고 지나가는 모습을 확인하는 것이다. 퇴적층은 시간의 순서대로 쌓인다. 나중에 쌓인 퇴적층이 먼저 쌓인 퇴적층 아래에 쌓이거나 사이를 뚫고 쌓일 수 없다. BSR은 서로 다른 퇴적층들의 경계에서 만들어지는 것이 아니다. GHSZ의 하부경계, 즉 가스하이드레이트와 가스의 상변화 경계에서 생기는 반사층이다. 동일한 퇴적층이라도 내부에 GSHZ의 하부경계가 존재하면 BSR이 생긴다. 퇴적층이 경사져 있는 경우에 BSR이 여러 퇴적층을 뚫고 지나는 모습을 명확하게 구별할 수 있다.

그림 3-13은 이런 BSR 특성을 잘 보여주는 북극 척치 해저고원의 가스하이드레이트 부존지역에서 획득한 탄성파 단면도이다. 해저면은 빨간색-검은색-빨간색의 강한 반사신호를 보이는 반면에, BSR은 해저면 신호가 역전된 검은색-빨간색-검은색의 강한 반사신호를 보인다. BSR이 경사진 퇴적층들을 가로지르는 모습도 잘 볼 수 있다.

탄성파 방법을 이용하여 BSR을 찾는 것이 넓은 지역에서 가스하이드레이트를 발견할 수 있는 좋은 탐사방법이지만 단점도 있다. 가스는 탄성파 속도를 크게 감소시키기 때문에 가스가 소량만 있어도 BSR이 만들어질 수 있다. 실제로 BSR까지 뚫은 여러 심부시추 작업에서 가스하이드레이트 없이 가스만 확인된 예가 보고되었다. 또한 BSR이 없는 퇴적층에서 가스하이드레이트가 채취된 경우도 있다.

가스하이드레이트가 어디에 있고 얼마만큼 있는지를 정확하게 알아내기 위해서는 먼저 광역적인 지구물리 탐사를 통해 유망 지역을 선정한 후에, 직접적으로 확인할 수 있는 심부시추 탐사가 수행되어야 한다.

또 다른 지구물리 탐사방법으로는 가스하이드레이트가 전기를 잘 통하지 않는 특성을 이용하는 전자기electormagentic 탐사방법이 있다. 가스하이드레이트가 많이 포함된 퇴적층은 일반적인 퇴적층에 비해 높은 저항값을 보이기 때문에, 퇴적층의 저항값이나 전도도를 측정하여 가스하이드레이트 퇴적층을 찾는 방법이다.

하지만 탄성파 탐사방법에 비해 전자기 탐사방법은 여러 가지 단점이 있다. 탄성파 탐사에 비해 땅속 깊은 곳에 있는 퇴적층의 저항값을 정확하게 측정할 수 있는 정밀도resolution가 크게 떨어진다. 또한 탐사를 진행하는 속도가 느리고, 해양의 경우에는 바닷물이 전기를 잘 통하기 때문에 해저로 전기를 보내기 위해서는 특수하게 만들어진 탐사장비를 해저 바닥까지 내려야 한다. 따라서 전자기 탐사방법은 탄성파 탐사방법을 보조하는 방법으로 주로 사용된다.

4. 가스하이드레이트는 어떻게 생산하나요?

가스하이드레이트를 생산하는 데 가장 큰 어려움은 전통적인 석유(액체)와 가스(기체)를 생산하는 방법을 바로 적용할 수 없다는 것이다. 먼저 고체인 가스하이드레이트를 물과 가스로 해리시킨 다음 가스를 생산해야만 한다. 가장 기본적인 생산개념은 안정조건을 변동시켜서 가스하이드레이트를 물과 가스로 해리시키는 것이다. 1장에서 살펴본 것처럼 가스하이드레이트는 저온·고압 조건에서 안정되게 존재하기 때문에, 온도를 높이거나 압력을 낮추면 안정조건을 변화시킬 수 있다.

지금까지 제시된 가스하이드레이트 생산방법은 크게 세 가지가 있다. 압력을 낮추는 방법(감압법), 온도를 높이는 방법(열 주입법), 상평형조건

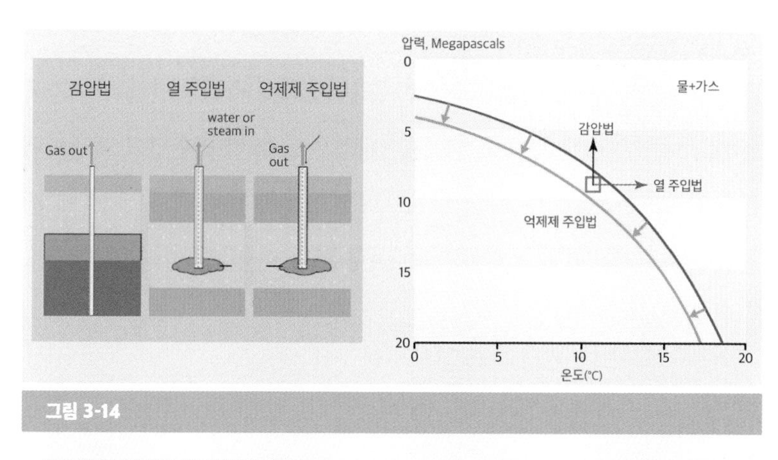

그림 3-14

가스하이드레이트 생산방법(출처 : Frozen Heat).

을 이동하는 방법(억제제 주입법)이다. 그림 3-14의 오른쪽 상평형곡선을 보자. 생산을 하려는 가스하이드레이트가 상평형곡선의 왼쪽 영역(가스하이드레이트 안정영역)에 표시된 녹색 박스에 해당하는 조건에 위치한다고 가정한다. 검은색 화살표를 따라 압력을 낮추면 상평형곡선의 위쪽(바깥쪽)으로 이동하여 가스하이드레이트가 물과 가스로 해리된다. 온도를 높이면 빨간색 화살표 방향으로 이동하여 가스하이드레이트는 물과 가스로 바뀐다. 가스하이드레이트가 만들어지는 것을 억제하는 화학첨가제를 가스하이드레이트 퇴적층에 주입하면 파란색 상평형곡선이 오렌지색 상평형곡선으로 이동해서 녹색 박스는 상평형곡선의 바깥쪽에 위치하게 되어 물과 가스로 해리된다.

현재까지는 감압법이 가장 높은 효율을 가진 생산방법으로 인정받고 있지만, 여러 가지 방법들을 조합해서 사용하면 더 좋은 결과를 얻을 수 있을 것으로 기대하고 있다. 최근에는 하이드레이트 격자 안에 이산화탄소를 집어넣어 메탄을 배출시키는 이산화탄소-메탄 치환법이 제시되어 많은 주목을 받고 있다. 가장 적합한 생산방법은 각 지역의 생산환경과 경제적인 고려를 바탕으로 결정될 것이다. 각 생산방법에 대해 좀더 자세히 알아보자.

감압법

감압법은 압력을 낮추어서 가스하이드레이트를 해리시키는 방법이다. 현재 제안된 생산방법 가운데 가장 간단하고 비용이 적게 드는 방법이다. 이미 천연가스를 생산하는 데 사용되는 방법 중 하나이고, 많은 관련 기술들이 개발되어서 적용되고 있다.

이 방법은 가스하이드레이트층 바로 아래에 가스를 함유한 퇴적층이 있으면 바로 적용이 가능하다. 아래 퇴적층의 가스를 뽑아내면 지층의 압력이 낮아지고, 바로 위의 가스하이드레이트 퇴적층의 압력도 낮아진다. 아래에서부터 가스하이드레이트가 해리되기 시작하고, 해리된 가스가 시추공 쪽으로 이동한다. 이 가스를 뽑아내면 더 압력이 낮아지고, 그 위의 가스하이드레이트가 해리되는 과정이 반복적으로 지속된다. 이 방법은 이미 북극 지역 영구동토층에서의 가스하이드레이트 시험생산에 적용되어 생산가능성을 검증받았다.

이 방법의 효과는 압력 하락을 전달할 수 있는 가스하이드레이트의 분포형태(즉, 눈에 보이지 않는 작은 알갱이로 퇴적층 공극 안에 분산된 형태이거나 두꺼운 순수한 하이드레이트 덩어리 형태 등), 함유량, 공극수 사이의 연결성(투과율)에 의해 크게 좌우된다. 그런데 가스하이드레이트가 해리할 때는 주변의 열을 빼앗는 흡열반응이 일어나 시추공 주위를 냉각시킨다. 이때 시추공 내에 얼음이 생겨 가스의 흐름을 방해하거나 다시 가스하이드레이트가 형성되는 현상이 일어난다. 이를 방지하기 위해서는 압력을 낮추는 속도를 조절하거나 열을 가해 시추공 부근을 따뜻하게 만드는 방법과 억제제를 사용하는 방법 등을 함께 사용할 수 있다.

최초의 가스하이드레이트 생산, 메소야카 가스전

아마도 최초로 가스하이드레이트가 생산된 곳은 1960년대에 가스하이드레이트가 발견되었던 시베리아 영구동토 지역의 메소야카 가스전일 것이다. 이 가스전에서는 1969년부터 1979년까지 해리된 가스하이드레이트로부터 가스가 생산되었다고 서방세계에 알려졌다(참고문헌들).

메소야카 가스전은 심부에 약 24m 두께의 가스하이드레이트층 아래 가스층이 분포했다고 한다. 가스층의 초기 압력은 7.8Mpa이었는데 2~3년 동안 가스를 계속 생산하면서 점차 압력이 감소하였다. 하지만 어느 순간부터 생산이 계속되어도 압력이 더 이상 감소하지 않고 안정되게 유지되면서 가스가 계속 생산되는 현상이 나타났다. 이렇게 압력이 안정되게 유지된 이유가 상부 구간에 있던 가스하이드레이트가 해리되어서 가스를 계속 공급해주었기 때문이라고 결론지었다.

대략 이 기간 동안 생산된 가스량의 36% 정도(약 10억m^3)가 하이드레이트로부터 나온 것으로 추산되었다. 하지만 서방의 과학자 중에는 메소야카 가스전에서의 가스하이드레이트 생산에 대해 여전히 의문을 가지고 있는 학자들도 있다.

열 주입법

열 주입법은 열을 가해 온도를 올려서 하이드레이트를 해리시키는 방법이다. 하이드레이트층에 따뜻한 액체(염수나 증기)를 주입하거나 전기난방 등을 가해 열을 공급한다. 주위에 기존 석유나 가스전이 있으면 지하 깊은 곳에서 나오는, 온도가 높은 지하수를 사용할 수도 있다.

이 방법의 가장 큰 단점은 열을 만드는 데 많은 에너지가 필요하고, 주입한 열의 상당 부분(최대 75%)이 가스하이드레이층이 아닌 다른 층으로 손실될 수 있다는 점이다. 또한 대상이 되는 가스하이드레이트층이 열을 잘 전달할 수 있는 충분한 공극률을 가지고 있어야만 효과적이다. 이런 단점 때문에 열 주입법은 비용이 많이 드는 불리한 생산방법으로 간주되고 있다.

2002년 캐나다 영구동토 지역인 말릭 시험생산정에서 이 방법을 시험하였다. 13m 두께의 가스하이드레이트층 시험구간에 직접 뜨거운 염수를 순환시켜 가스하이드레이트를 해리시켰다. 124시간의 열 주입 테스트 기간 동안에 약 500m^{3}의 가스를 회수하였다. 이런 적은 양의 가스 생산은 이 방법이 가스하이드레이트 생산방법으로 적당하지 않다는 생각을 가지게 했지만, 감압법과 열 주입법을 같이 사용한다면 가스하이드레이트 생산효율을 증가시키고 생산된 가스의 흐름을 방해하는 요인을 크게 완화시킬 수 있다는 것도 알게 되었다.

화학억제제 주입법

세 번째는 화학억제제를 사용하여 가스하이드레이트의 평행상태를 변경시켜 가스를 생산하는 방법이다. 이런 억제제는 물분자들의 결합을 방해하여 하이드레이트가 생성되는 온도조건을 더 낮춘다. 그럼으로써 상변화 경계를 이동시켜 가스하이드레이트를 해리시키는 역할을 한다. 이 방법은 이미 오래전부터 가스 파이프관 안에 가스하이드레이트가 생성되는 것을 방지하는 데 널리 사용되어왔다.

억제제로는 메탄올, 에틸글리콜ethylene glycol, 질소와 염수 등을 사용할 수 있다. 이 억제제들을 주입하면 온도차이를 발생시켜 하이드레이트를 해리시킴으로써 가스를 생산할 수 있다. 감압법을 사용해서 가스하이드레이트를 생산하는 경우에도 이런 억제제를 주입하면 가스하이드레이트 해리과정에서 일어나는 흡열반응 때문에 다시 가스하이드레이트가 만들어지는 현상을 방지할 수 있다.

하지만 가스하이드레이트층에 억제제를 주입하는 것도 상당한 기술적인 문제가 있다. 대상이 되는 가스하이드레이트층의 공극률과 투과율이 높아서 억제제가 잘 전달될 수 있는 조건이 필요하다. 또한 억제제는 어느 정도 이상 농도를 유지해야만 효과가 지속되는데, 가스하이드레이트가 해리되면서 물을 만들기 때문에 많은 양의 억제제를 투입해야만 농도를 맞출 수 있다. 억제제의 높은 비용과 사용된 억제제의 처리에 관련된 환경문제도 이 방법의 큰 단점이다.

이산화탄소-메탄 치환법

최근에 관심을 모으고 있는 방법은 가스하이드레이트층에 이산화탄소를 주입해서 하이드레이트 안에 들어 있는 메탄을 생산하는 방법이다. 이 방법은 이산화탄소를 저장하고 동시에 메탄을 생산하는 일석이조의 방법이다. 이미 여러 실험을 통해 이산화탄소가 메탄 하이드레이트에 접촉하면 하이드레이트 구조 안에 있던 메탄 자리를 차지하는 현상이 관찰되었다. 열역학적으로 하이드레이트 안에서는 이산화탄소가 메탄보다 안정한 가스이다. 실험실 연구를 통해 하이드레이트 표면에서는 치환속도가 빠르고 70%의 메탄이 이산화탄소로 바뀌는 현상이 관찰되었다. 그림 3-15는 이런 치환과정을 보여준다. 실험연구에서 관찰된 가장 흥미 있는 현상은 얼음은 그대로 유지되면서 가스만 바뀌는 것이다.

천연 가스하이드레이트에서 이산화탄소-메탄 치환 방법을 이용해 지

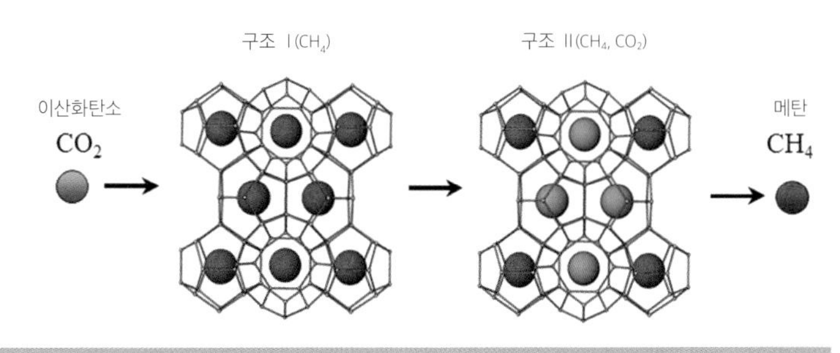

그림 3-15

이산화탄소-메탄 치환법.

구온난화의 주범인 이산화탄소를 격리하고 동시에 에너지 자원인 메탄을 생산할 수 있다면, 일석이조의 방법이 될 것이다. 2012년 미국 석유회사인 코노코필립스ConocoPhillips와 미국 에너지성, 일본의 석유천연가스금속광물자원기관JOGMEC이 참여하는 국제 연구팀이 알래스카 북부사면 영구동토층 지역에 위치한 가스하이드레이트 시험생산 현장에서 이 방법을 성공적으로 테스트하였다.

5. 다른 상업적 이용

오랫동안 에너지 산업계에서는 가스하이드레이트를 운송관을 막아서 가스운송을 방해하는 골칫덩어리로 여기고, 가스하이드레이트를 제거하는 기술개발에 중점을 두었다. 그러나 최근에는 가스하이드레이트를 활용한 새로운 응용기술을 개발하는 데 기술개발의 중심이 옮겨가고 있다.

그중 가장 흥미로운 응용분야는 천연가스를 가스하이드레이트로 만들어서 운송하는 방법이다. 현재 널리 이용되고 있는 액화천연가스LNG나 가스탱크 방식을 대체할 수 있는 가능성이 있다. 또한 탈염분, 냉매, 독극물질이나 공해물질의 분리와 회수, 가스 압축, 이산화탄소 격리와 저장 분야까지 다양한 산업 분야에서 가스하이드레이트를 응용하는 연구들이 활발히 진행되고 있다.

천연가스 수송

가스하이드레이트 안에는 부피의 160배에 달하는 메탄을 압축할 수 있기 때문에, 천연가스를 가스하이드레이트로 만들어서 운반하는 아이디어는 많은 주목을 받고 있다. 또한 가스하이드레이트 안의 가스는 연소성은 높지만, 현재 운송방법으로 이용하고 있는 압축천연가스CNG나 액화천연가스가 가지는 폭발성이 없기 때문에 안전성이 높다.

가스 수송을 위해 하이드레이트를 이용하는 기술은 오랫동안 이론으로만 머물렀다. 여전히 높은 압력과 상대적으로 낮은 온도 조건에서 가스하이드레이트를 만들고 유지하는 데에는 기술적으로나 경제적으로 어려운 점이 있었기 때문이다. 그렇지만 1990년대에 들어와서 하이드레이트가 특정한 조건에서는 일반적인 압력 환경에서도 상대적으로 안정될 수 있는 '자기보존self preservation'이라는 현상이 발견되었다. 최근 연구결과에 의하면 압력을 대기압보다 조금 올리고(2~3bar), 온도를 −5~−3℃로 유지하는 조건에서는 하이드레이트가 완전히 녹는 데 40일이나 걸렸다. 테트라히드로푸란 가스를 첨가한 혼합가스 하이드레이트 경우에는 보존기간이 훨씬 늘어난다.

현재 많은 중소 규모의 가스전과 기반시설에서 멀리 떨어진 곳에 위치한 가스전들은 효과적인 운송방법의 개발이 숙제로 남아 있다. 이런 가스전들에는 생산된 가스를 LNG로 운송하기보다, 쉽게 만들 수 있고 조건이 까다롭지 않은 천연가스 하이드레이트NGH 형태로 운송하는 새로운 방식이 적합할 수 있다.

일본 회사인 MES는 하루에 천연가스 하이드레이트 5,000kg을 만드는 시험공장을 가동하고 있다. 하이드레이트를 구슬 모양으로 만드는 것이 가루로 만드는 것보다 달라붙지 않고 온도의 변동에 안정하다고 한다. 운송 도중에 조금씩 녹아서 나오는 메탄가스는 배의 연료로 사용하거나 압축시켜 저장한다. 운송거리에 따라 다르긴 하지만 현재 LNG선으로 운반하는 비용의 약 20%를 절감할 수 있고, 운송거리가 6,000km

이하의 중단거리에서 효과적일 것으로 예상된다.

담수화

가스하이드레이트가 만들어질 때 염분을 배출하는 현상은 짠 바닷물에서 소금기를 제거하여 마실 수 있는 물을 만드는 담수화 공정에 이용할 수 있다. 포화된 소금물을 이용해서 하이드레이트를 만들면 하이드레이트와 소금결정이 생긴다. 밀도 차이가 커서 하이드레이트와 소금은 쉽게 분리시킬 수 있다. 담수화 작용에 적합한 안정조건을 가진 하이드레이트를 만들어야 하는데, 이런 하이드레이트에 알맞은 기체로 프로판과 프레온이 들어 있지 않은 오존을 주로 사용한다. 하이드레이트를 이용해 염분을 제거하는 방법은 여러 단계의 증류방법이나 투과막을 이용한 여과법보다 훨씬 비용이 적게 들 것으로 예상된다.

이산화탄소 격리 및 저장

지구온난화를 막기 위해 인간이 배출하는 온실가스, 특히 이산화탄소를 격리하고 제거하려는 노력이 진행되고 있다. 다양한 방법들이 제시되고 있는데, 액체나 고체 물질에 흡수시키거나 여과과정을 통해 분리하고, 저온분할방식을 사용하여 이산화탄소를 격리하는 기술들은 현재 상용화에 들어갔다. 이렇게 모아진 이산화탄소를 해저면이나 적합한 조건을 가진 퇴적분지에 저장하는 방안이 제시되고 있다. 여기에 또 하나

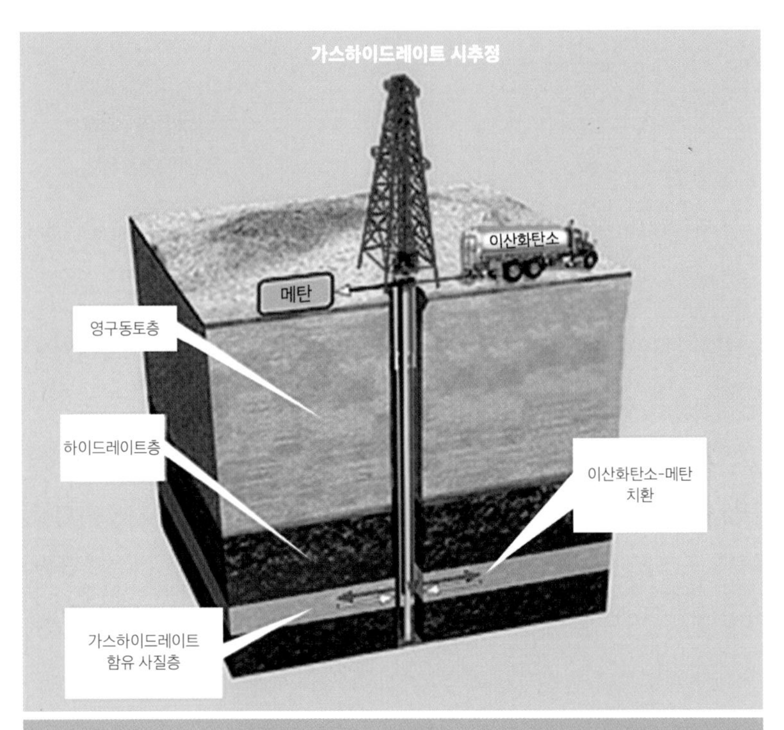

그림 3-16

영구동토층 지역의 가스하이드레이트층에서 실시된 이산화탄소-메탄 치환방법(출처 : https://netl.doe.gov/node/697).

주목받는 방법이 이산화탄소를 하이드레이트로 만들어서 분리하고 저장하는 것이다.

이산화탄소 하이드레이트는 수심이 대략 450m(압력 45bar)보다 깊고 해수온도가 영상 10℃ 이하인 조건에서는 바닷물 속에서도 안정하게 존재한다. 하지만 온도-압력 조건이 충족되더라도 주변 바닷물 속에 이산화탄소가 포화될 정도로 충분히 많아야 하이드레이트가 만들어질 수 있다. 그렇지 않으면 이산화탄소가 하이드레이트를 만들지 못하고 바닷물에 녹아서 탄산carbonic acid을 발생시켜 해양을 황폐화시키는 산성화를 유발하게 된다.

이런 이유로 해저면에 이산화탄소를 저장하는 방안은 활용되기 어렵다. 그래서 해저 퇴적층이나 지질학적 저류지에 이산화탄소를 주입하여 하이드레이트로 만들어 저장하는 방안이 모색되고 있다. 가스하이드레이트 생산방법의 하나로도 소개되었지만, 가스하이드레이트층에 이산화탄소를 주입해서 격리하고 메탄을 생산하는 방법이 북극 영구동토층에서 시도되었다(그림 3-16).

냉각 시스템

가스하이드레이트를 활용해서 냉각 시스템을 개발할 수 있다. 최근에 영국의 헤리엇와트Heriot-Watt 대학과 글래스고Glasgow 대학 연구팀은 전력을 많이 쓰지 않은 시간에 재생에너지를 사용하여 이산화탄소 가스하이드레이트를 만들어두었다가 냉매로 쓰거나 냉기를 저장하는 수단으로 사용하는 연구를 진행하고 있다. 모든 가정과 슈퍼마켓에서 신선식품을 냉장보관하고 있는 요즘, 냉매와 냉각 시스템은 우리 생활에서 매우 중요하다. 현재 영국의 경우 냉기와 냉장을 위해 영국 전기의 최대 14%를 소비하고 온실가스 배출량의 약 10%를 차지한다고 한다. 이 새로운 방법을 이용하면 피크타임에 냉각을 위해 소비하는 연료를 40~50% 감소시킬 것으로 예상된다.

6. 가스하이드레이트 개발을 위한 국제적인 활동

많은 지역에서 가스하이드레이트가 발견되고 전통 천연가스 매장량을 크게 웃도는 막대한 부존량이 확인되면서 가스하이드레이트에 관한 연구는 전 세계적으로 활발하게 이루어지고 있다. 특히 일본, 한국, 중국, 인도와 같이 자국 내에 석유와 가스 자원은 거의 없지만 가스하이드레이트가 많다는 증거를 확인한 국가들의 경우에는 에너지 안보 차원에서 국가적인 노력을 쏟고 있다. 이렇듯 가스하이드레이트가 새로운 에너지 자원으로 각광을 받고 있지만, 아직 경제적인 생산기술이 확보되지 않았고 안정성 문제가 남아 있어 개발 시점까지는 많은 시간이 필요할 것으로 예상된다. 가스하이드레이트를 생산하기 위한 활동은 세계 여러 지역에서 활발하게 진행되고 있다(그림 3-17).

비교적 시험시추를 하기 좋은 육상 영구동토 지역인 캐나다 말릭 지역(2002년, 2007년~2008년)과 미국 알래스카 북부 사면지역(2012년)에서 세계 최초로 가스하이드레이트층에서 가스를 생산하는 시험시추가 성공적으로 실시되었다. 일본은 이 두 북극 지역에서의 시험시추에 모두 참가하여 기술력을 축적하고, 2013년 3월 난카이 해역에서 해양에서는 세계 최초로 가스하이드레이트를 시험생산하는 데 성공하였다. 중국은 미국과 일본에 비해 가스하이드레이트 연구를 늦게 시작하였지만, 남중국해에서 여러 차례의 가스하이드레이트 심부시추를 수행하였다. 그리고 2011년 티베트 고원의 영구동토층 지역에서 가스하이드레이트 시험

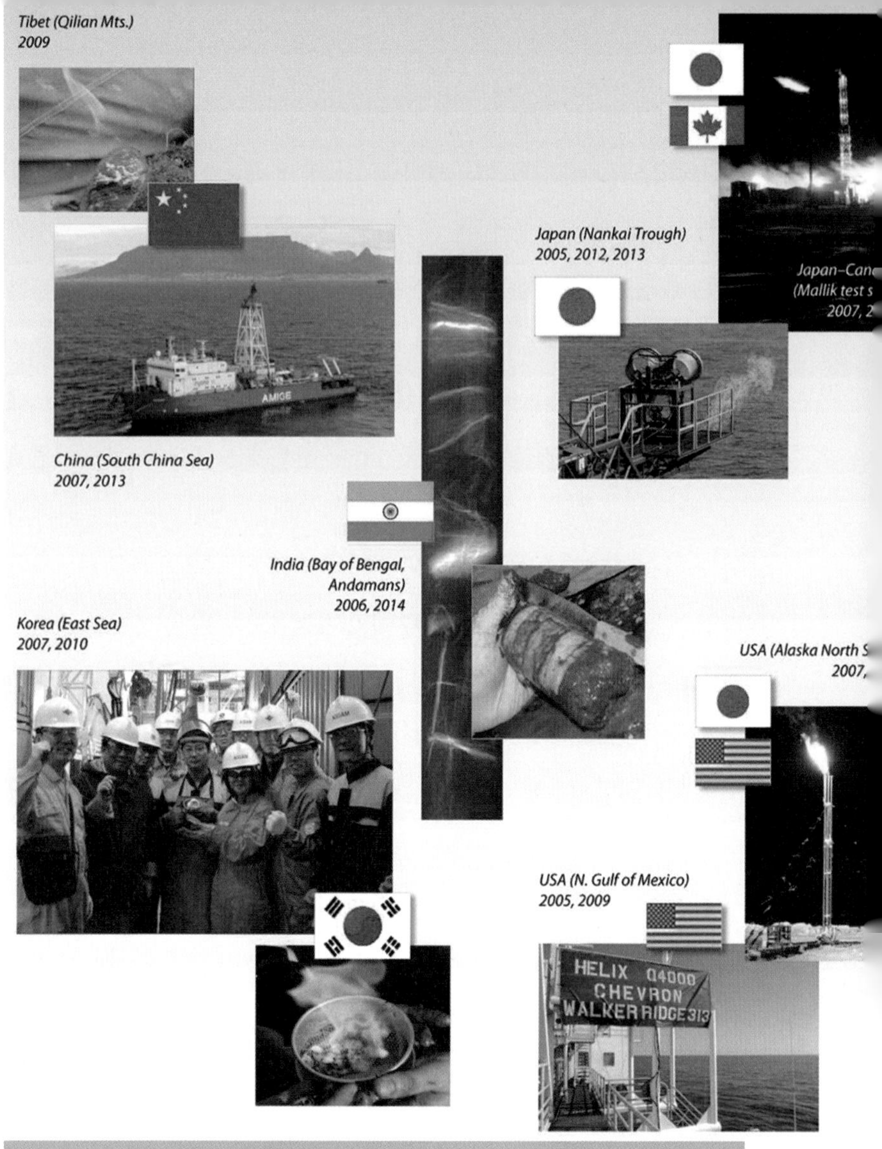

그림 3-17

2000년 이후 세계 각국의 가스하이드레이트 연구개발 시추 프로그램(출처 : NETL).

시추에 성공하였다. 인도는 인도 주변 해역의 가스하이드레이트 유망지역에서 미국과 함께 2015년 시험시추를 실시하고, 향후 생산 후보지를 선정하였다.

우리나라의 가스하이드레이트 연구는 1996년부터 시작되어 동해 울릉분지에도 가스하이드레이트가 매장되어 있는 것이 밝혀졌다. 우리 정부는 2005년 가스하이드레이트 개발사업단을 설립하고, 2019년까지 3단계에 걸쳐 동해 가스하이드레이트 연구개발 사업을 수행하였다. 대규모 광역 물리탐사를 통해 동해 가스하이드레이트의 광역적인 분포를 확인하였고(그림 3-18), 이후 선정된 유망지점에서 심부시추를 수행하여 가스하이드레이트 시료를 채취하는 데 성공하였다(그림 3-17). 지금까지의 연구결과에 의하면 울릉분지의 가스하이드레이트 매장량은 약 8.6억 톤에 달한다. 현재는 울릉분지 가스하이드레이트를 시험생산하기 위한 후속 시추계획을 수립 중이다.

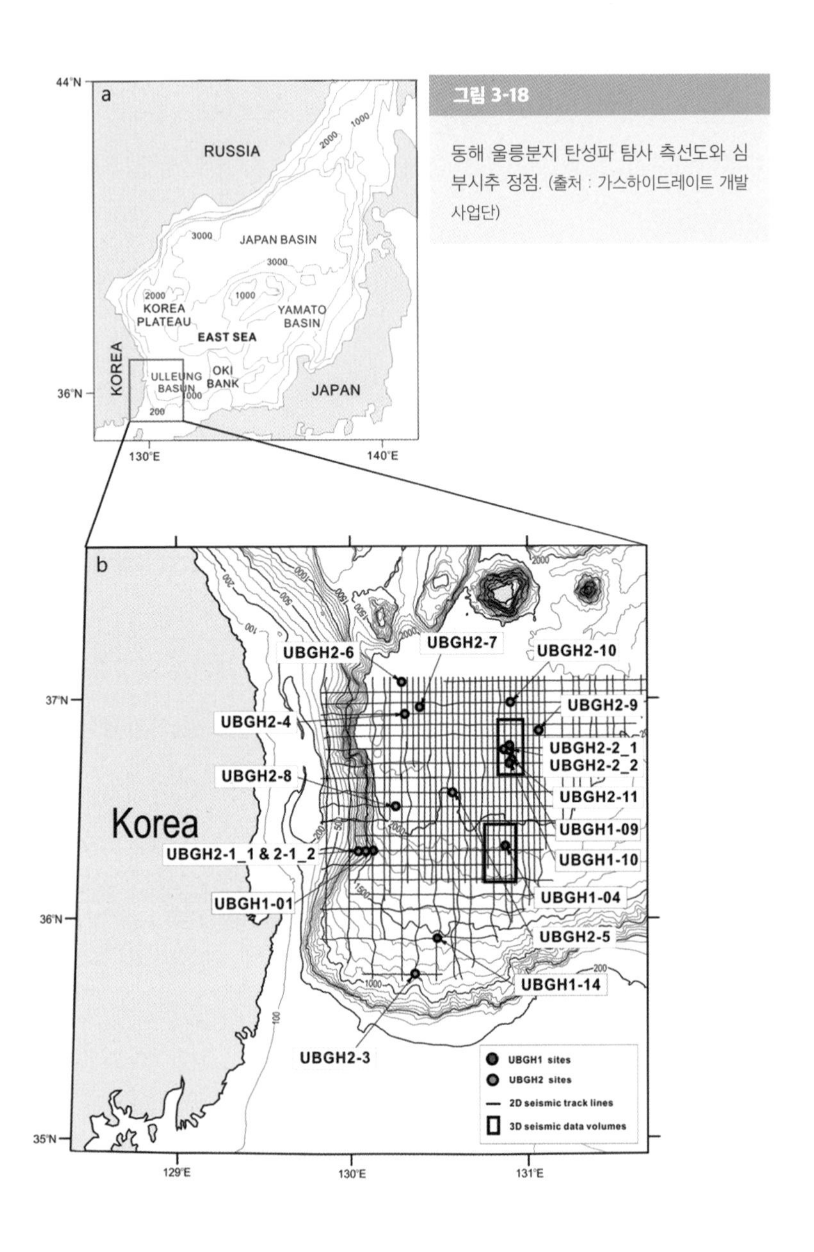

그림 3-18

동해 울릉분지 탄성파 탐사 측선도와 심부시추 정점. (출처 : 가스하이드레이트 개발 사업단)

4장

얼음의 땅에 숨겨진 불타는 얼음을 찾아서

극지연구소에서는 1990년대부터 남극을 시작으로, 2000년대 러시아 오호츠크해, 2010년대 북극해에서 가스하이드레이트 연구를 수행하고 있습니다. 가스하이드레이트를 찾으러 간 우리나라 탐사대의 발자취를 따라가 볼까요?

1. 남극의 가스하이드레이트를 찾아서

가스하이드레이트는 조건이 맞는 곳에서는 지구 어디든 존재할 수 있다. 앞에서 설명했듯이 메탄이 풍부하고, 기온이 낮고, 압력이 높은 곳이면 된다. 압력조건은 지구상 어느 곳에서나 고도, 지하 깊이, 수심에 의해 결정된다. 반면에 기온은 고위도 지역으로 갈수록 낮아진다.

우리는 추운 곳 하면 가장 먼저 남극과 북극 지역을 떠올린다. 연중 대부분 차가운 얼음에 덮인 남극과 북극 지역은 같은 얼음이라고도 할 수 있는 가스하이드레이트가 존재하기에 가장 좋은 장소이다.

극지연구소에서는 1990년대부터 남극을 시작으로 2000년대 러시아 오호츠크해, 2010년대 북극해에서 가스하이드레이트 연구를 수행하고 있다(그림 4-1). 그럼 이 얼음의 땅으로 가스하이드레이트를 찾으러 간 우리나라 탐사를 따라가 보자.

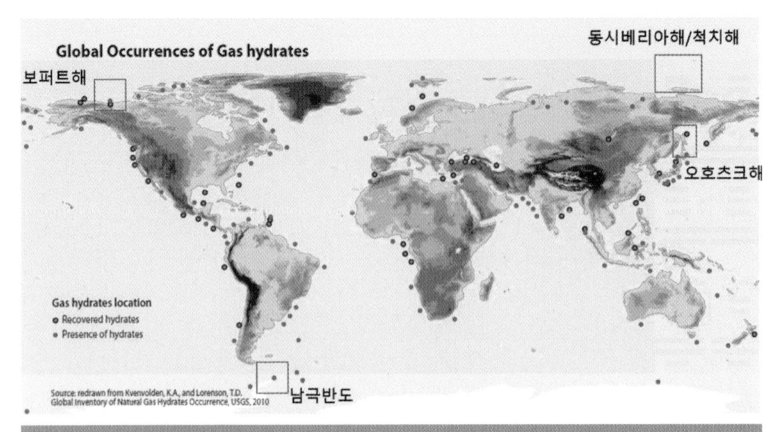

그림 4-1

극지연구소의 가스하이드레이트 탐사지역. 남극반도(1993~2005), 오호츠크해(2003~2015), 북극 보퍼트해(2013~2017), 동시베리아해와 척치해(2016~2019)(출처 : Frozen Heat).

1988년, 우리나라 첫 번째 남극과학기지인 세종과학기지가 남극반도 남셰틀랜드 군도의 킹조지섬에 세워졌다. 남극은 현재 어떤 나라의 소유권도 인정되지 않는 지역이어서 세계 각국이 자유롭게 과학연구 활동을 할 수 있다. 우리나라도 남극의 중요성을 인식하고, 우리나라의 활동영역을 넓히기 위해 남극에 첫 번째 기지를 건설한 뒤 남극 연구를 본격적으로 시작했다.

1993년 우리나라 최초의 종합해양탐사선인 온누리호(현재 한국해양과학기술원 소속)가 거의 지구 반 바퀴를 돌아서 세종과학기지에 도착했다(그림 4-2). 온누리호는 약 1,500톤 규모로 지금 극지에서 활동하는 쇄

그림 4-2

1993년 당시의 남극 세종과학기지 전경.

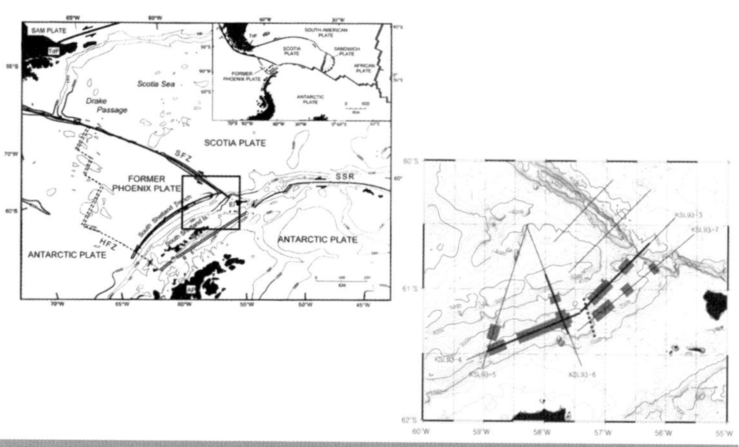

그림 4-3

1993년 남극반도 해역 탐사 지역과 탐사측선도(검은 실선). 탄성파 탐사측선(검은 막대선). 가스하이드레이트 BSR이 나타나는 구간.

빙연구선 아라온호에 비해서는 5분의 1 정도이지만, 당시에는 가장 좋은 해저탐사 장비를 갖춘 내빙耐氷(바다얼음을 깨지는 않지만, 일정 두께의 바다얼음에 견딜 수 있는) 해양탐사선이었다. 작은 덩치지만 당찬 탐사능력을 갖춘 온누리호가 남극반도 남셰틀랜드 군도 해역에 도착해서 한 달 동안 대대적인 해저탐사를 실시하였다(그림 4-3). 이 지역의 심부지질구조, 지체구조(지각을 이루는 암석들의 구조적 특징) 형성역사, 고기후 변화 등을 연구하기 위해 탄성파, 해상자력, 중력 등 지구물리 자료를 획득하고 해저 퇴적물과 해저 암석시료를 채취하는 작업을 수행하였다.

탄성파 탐사는 넓은 지역의 땅속 모습을 알아낼 수 있는 가장 좋은 탐사방법이다. 직접 땅속을 뚫는 시추가 가장 정확한 자료와 시료를 제공할 수 있지만 막대한 비용이 들고 시추공 주변의 정보만을 얻기 때문에 넓은 지역을 조사하기에는 적합하지 않다. 여름이지만 영하의 기온에 세찬 바람과 눈이 내리는 남극의 차가운 바다에서 24시간 중단 없이 수행되는 탄성파 탐사는 연구원들에게는 무척 힘든 작업이었다(그림 4-4).

이렇게 얻은 탄성파 탐사자료를 처리하여 만든 지층단면도에는 남극반도 북쪽 드레이크 해협의 해양지각이 남극반도의 대륙지각 아래로 밀고 내려가는 모습과 수심 5,000m가 넘는 평탄하게 발달한 남셰틀랜드 해구의 모습이 잘 나타났다(그림 4-5).

1990년대 초에는 국제적으로도 가스하이드레이트 연구의 초창기였다. 국내에서는 관련 연구자들에게조차도 생소한 물질이었다. 남극 남

그림 4-4

남극 바다의 혹독한 날씨 속에서 탄성파 탐사를 수행하는 연구원들의 모습.

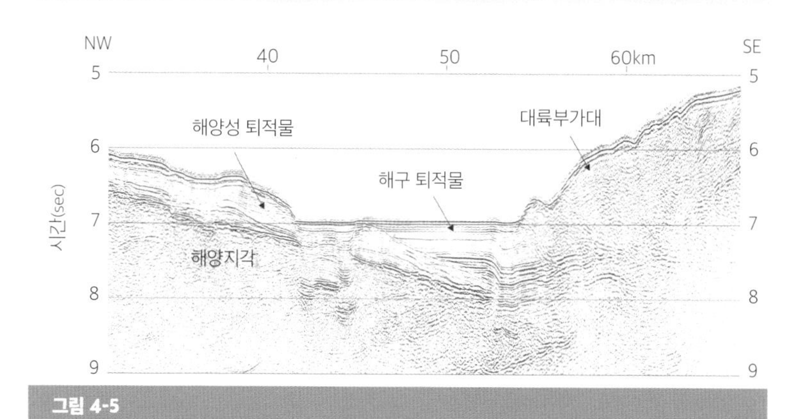

그림 4-5

해양지각이 대륙지각 아래로 밀고 내려가는 모습을 보여주는 남셰틀랜드 해구의 탄성파 단면도.

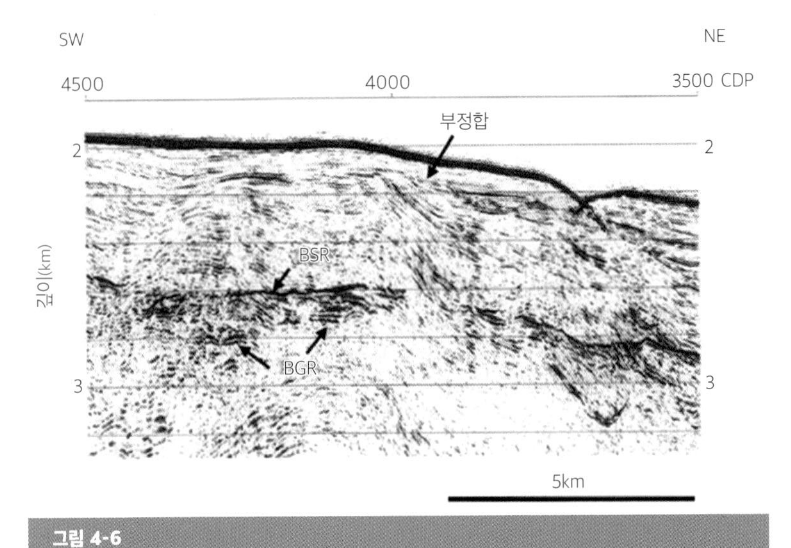

그림 4-6

남극반도 남셰틀랜드 해역에 발달한 해저면모방반사층BSR을 보여주는 탄성파 단면도.

셰틀랜드 해역에 분포하는 가스하이드레이트에 대한 본격적인 연구는 1990년대 후반과 2000년대 초에 이루어졌다.

온누리호에서 얻은 탄성파 단면도를 보면, 해구에서 남셰틀랜드 군도 쪽으로 가파른 대륙사면에 해저면과 평행하게 발달한 반사층이 일부 구간에 잘 발달되어 있다(그림 4-6). 이 해저면과 평행한 반사층을 자세히 보면, 경사지거나 불규칙하게 휘어져 있는 퇴적지층을 일부에서 끊고 지나는 모습이 보인다.

일반적인 퇴적작용은 시간에 따라 아래에서 위로 차곡차곡 쌓이기 때문에 지질학적으로 위에 쌓인 퇴적층이 아래 퇴적층들을 끊고 지나는 것은 불가능하다. 그러니 이 반사층은 실제 퇴적층이 아니라, 가스와 가스하이드레이트의 안정영역 경계에서 만들어지는 상변화 경계면이 만드는 BSR로 판명되었다.

우리 연구팀은 BSR이 남셰틀랜드 군도 대륙사면에 광범위하게 분포하고 있으며, 탐사 지역에 약 $4.8\times10^{10}m^3$(표준 상태에서의 메탄의 양으로는 $7.7\times10^{12}m^3$)에 달하는 가스하이드레이트가 매장되어 있음을 밝혔다. 이는 국내 연간 천연가스 소비량의 약 300년치에 해당하는 매장량이다.

2. 오호츠크해의 가스하이드레이트를 찾아서

이렇게 남극 해역에서 시작된 가스하이드레이트 연구는 2003년 러시아의 오호츠크해로 옮겨서 계속되었다. 극지연구소 연구팀은 2003년 한-러-일 러시아 오호츠크해 가스하이드레이트 국제공동연구hydro-Carbon Hydrate Accumulation of Okhotsk Sea : CHAOS project에 참가했다.

러시아 오호츠크해는 동해와 연결된 바다로, 우리에게는 상당히 익숙한 지명이다. 우리나라 여름철에 장마를 만드는 오호츠크해 기단이 발달하는 곳으로 교과서에 나온다. 또한 우리 밥상에 오르는 명태와 대게가 많이 잡히는 해역이고, 막대한 석유와 가스자원이 부존되어 있으며, 현재 세계적인 석유회사들이 생산활동을 하고 있는 자원의 보고인 지역이다.

오호츠크해는 매우 차가운 바다이다. 북반구에서 바다가 어는 큰 해양 중 가장 남쪽에 위치한 해역이라 할 수 있다. 겨울철에는 약 80%의 해역이 두꺼운 바다얼음으로 덮이고(그림 4-7), 한창 봄인 5월까지도 바다얼음을 볼 수 있다(그림 4-8). 1년 내내 수심 100m에서의 수온이 0℃ 이하를 유지하여 북극해와 거의 같은 수온분포를 보인다. 또한 오호츠크해에는 7~10km에 달하는 두꺼운 퇴적층이 쌓여 있어서, 북반구에서 가장 높은 메탄생산률을 보인다. 유라시아판, 태평양판, 북미판 등 큰 지각판 사이에서 복잡하고 활발한 지구조 운동이 일어나 많은 지진이 발생하는 지역이다.

그림 4-7

2020년 3월 5일의 바다얼음 분포도(출처 : NSDIC).

그림 4-8

2005년 5월 23일, 오호츠크해 가스하이드레이트 탐사지역으로 이동 중에 바다얼음을 만난 러시아 연구선.

오호츠크해에는 저온과 풍부한 메탄 공급 조건, 그리고 활발한 지구조 운동으로 인해 막대한 가스하이드레이트가 분포되어 있으며, 해지 지층에서 해양으로 활발한 메탄 분출 현상이 일어난다. 오호츠크해에서는 1980년 중반에 쿠릴 열도에 속한 파라무쉬르섬 근처 바다에서 처음으로 가스하이드레이트가 발견되었다. 그리고 이후 1991년 사할린 북동 대륙사면에서 가스 분출 현상이 발견되고 가스하이드레이트 시료가 채취되면서 이 지역은 지구상에서 가장 유망한 가스하이드레이트 부존 지역의 한 곳으로 주목받았다. 또한 1990년대 후반과 2000년대 초반에 걸쳐 수행된 독일-러시아 쿠릴-오호츠크해 해양탐사KOMEX 프로젝트를 통해 해저면에서 뿜어 나오는 가스 분출 구조들이 100여 개 넘게 발견되었다.

이런 초기의 연구결과를 바탕으로 2003년부터 사할린 대륙사면 지역의 가스하이드레이트와 가스 분출 현상을 본격적으로 연구하기 위한 한국-러시아-일본의 국제 공동연구 프로그램인 CHAOS(2003, 2005, 2006)가 시작되었다. 이 프로그램은 이후 SSGHSakhalin Slope Gas Hydrates(2007~2011) 프로젝트로 이어졌다.

이 프로젝트의 연구목적은 (1) 사할린 대륙사면에 분포하는 가스하이드레이트 부존 특성, (2) 가스하이드레이트 형성 기작, (3) 가스하이드레이트 시스템 내에서 메탄가스의 지층/해수/대기로의 이동 현상, (4) 가스하이드레이트가 미치는 지질 안정성을 이해하고, (5) 가스하이드레이트 변동성을 추적하는 장기 관측망을 구축하는 것이다.

2004년을 제외하고 2003년 CHAOS의 1, 2항차를 포함하여 2015년까지 매년 총 12번의 국제 공동연구 현장탐사 항해가 실시되었다(그림 4-9). 매년 평균 20일의 현장탐사 항해에는 약 25~30명의 각국

그림 4-9

한·러·일 오호츠크해 가스하이드레이트 국제공동연구팀(2003년~2015년)

연구진이 참여하였다. 주요 참여 연구기관은 한국의 극지연구소, 일본의 북견공업대학, 러시아 블라디보스토크 소재 태평양해양연구소와 모스크바 소재 해양연구소이다. 국내에서는 극지연구소와 함께 서울대, 한양대, 해양연구원의 연구원들이 참여하였다. 현장탐사를 위해 연구선은 태평양해양연구소의 2,500톤급 라브렌티예프Lavrentyev 호를 이용하였고, 천부/심부 탄성파와 측면주사 음파탐지기Side-scan Sonar 탐사, 수중음향 탐사, CTD 캐스팅, 퇴적물/공극수/해수시료 채취 등 다양한 탐사가

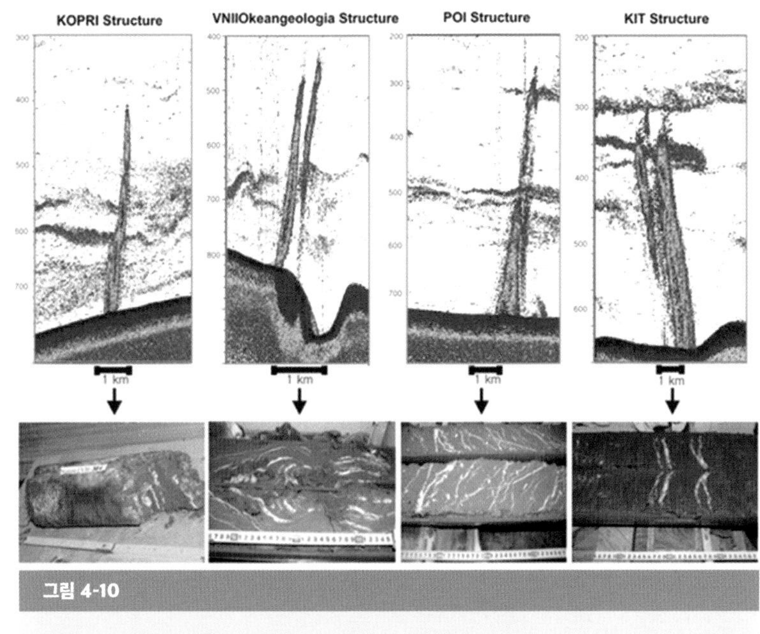

그림 4-10

오호츠크해에서 발견된 가스 분출 구조에서 채취된 가스하이드레이트.

이루어졌다.

CHAOS와 SSGH 탐사를 통해 발견한 것 중 가장 중요한 것은 사할린 북동 대륙사면의 가스하이드레이트 지역에서 활발하게 일어나는 가스 분출 현상gas seepage이다. 수중 음향탐사를 통해 해저면에서 수층으로 뿜어져 나오는 가스 분출 기둥gas flare을 900개 이상 탐지하였다(그림 4-10). 또한 획득한 측면주사 음파탐지 영상에서 700여 개의 해저면에 발달한 가스 분출 구조seepage structure를 확인하였다. 일부 가스 분출 구조에서 채취한 해수시료에서는 배경값에 비해 수백 배에 달하는 높은 메탄 농도가 측정되었다. 가스 분출 구조는 대부분 강한 반사계수를 보이는 원형구조를 가지며 가장 큰 구조의 경우 직경이 1km에 달한다.

다양한 주파수의 탄성파 탐사자료를 획득하여 이런 가스 분출 현상이 심부지층에서 천부지층까지 어떤 형태로 나타나는지를 조사하였다. 해저면의 가스 분출 구조 바로 하부에서는 가스의 존재를 가리키는 음향공백대가 특징적으로 나타났다. BSR 아래에서 해저면까지 연장되는 가스 기둥 구조gas chimney이다. 이런 탄성파 구조들은 심부지층의 가스들이 이동통로를 통해 가스하이드레이트 퇴적층을 통과하여 해수층으로 방출되고 있음을 명백히 보여주고 있다.

사할린 대륙사면에서 채취된 가스하이드레이트는 다양한 형태를 보인다(그림 4-11). 대부분 층리와 평행한 맥상으로 나타나지만 일부 코아에서는 수직 방향의 맥상으로 나타난다. 가장 주목할 만한 시료는 KOPRI극지연구소 구조로 명명된 가스 분출 구조에서 획득한 40cm 두께의 순수한 가스하이드레이트이다(그림 4-11의 오른쪽 위). KOPRI 구조는 해저면 영상에서 직경 900m에 달하는 원형 가스 분출 구조로 나타나며, 하부에는 BSR 심부에서 상승한 잘 발달한 가스 기둥 구조가 형성되어 있고, 수년 간 해수층으로 강한 가스 분출 작용이 일어나고 있는 대표적인 활동성 구조이다.

러시아 오호츠크해와 사할린 주변 해역에는 가스하이드레이트가 풍

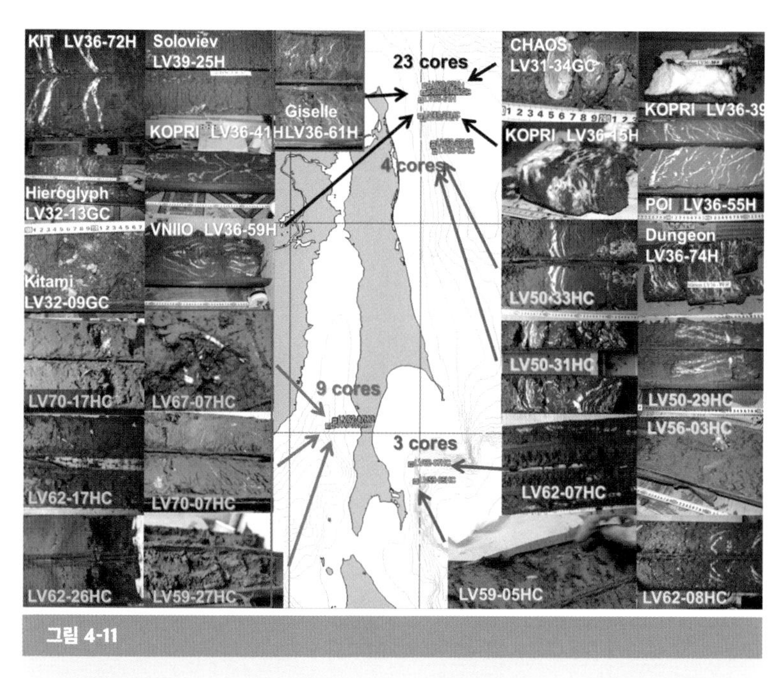

그림 4-11

러시아 사할린섬 주변 해역에서 채취된 가스하이드레이트 모습.

부하게 매장되어 있다. 오호츠크해는 지층에서 메탄가스가 뿜어져 나오는 현상이 가장 잘 관찰되는 곳이다. 메탄이 대기로 방출되어 지구온난화에 어떤 영향을 주는지에 대한 연구를 할 수 있는 좋은 지역이다. 또한 주변에 석유·가스전 개발 인프라가 많이 설치되어 있어 향후 가스하이드레이트 개발에 좋은 조건을 갖추고 있다.

오호츠크해와 사할린섬 부근 해역은 동해와 연결된 지역이기 때문에, 이곳에서 얻은 연구결과는 우리나라 동해에서 진행 중인 가스하이

그림 4-12

오호츠크해 KOPRI 구조에서 채취한 가스하이드레이트의 불타는 모습과 필자.

드레이트 개발 연구에 유용한 정보를 주고 비교 연구 지역으로 활용될 수 있다. 뿐만 아니라 오호츠크해에서 쌓은 가스하이드레이트 탐사 경험은 북극해 가스하이드레이트 탐사에 많은 도움을 주었다(그림 4-12).

3. 북극의 가스하이드레이트를 찾아서

북극 지역에는 전 세계 미발견 가스하이드레이트의 약 15%가 매장되어 있는 것으로 추정된다. 다른 지역과 달리 북극에는 바다는 물론 육상

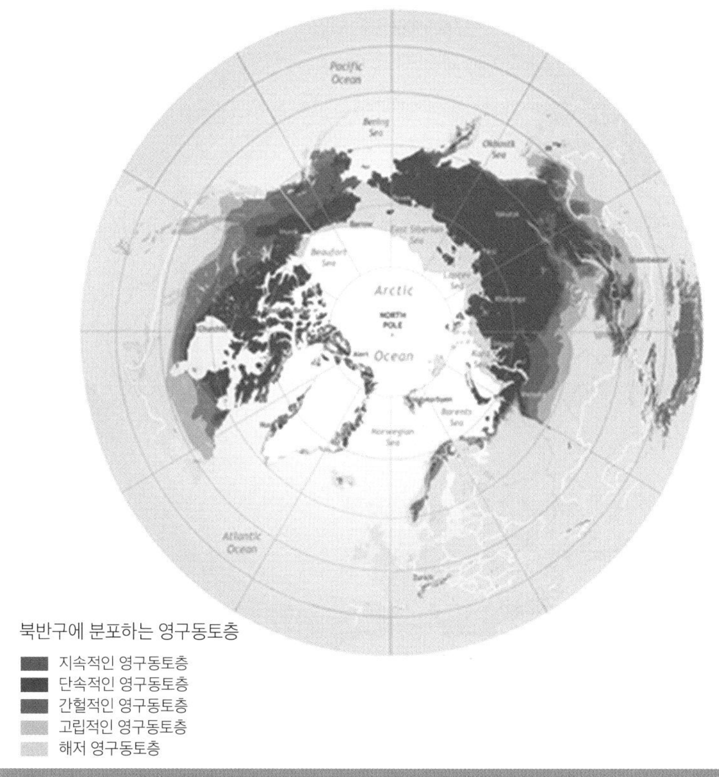

그림 4-13

북반구의 영구동토층 분포. 짙은 파란색일수록 영구동토층이 잘 발달된 지역이고, 옅은 하늘색은 해저 영구동토층 지역이다(출처 : International Permafrost Association).

에도 가스하이드레이트가 존재할 수 있다. 북극권의 영구동토층은 북반구 육상 면적의 약 24%를 차지한다. 그림 4-13에서 파란색으로 표시된 지역은 영구동토층이 분포하는 지역으로, 북극권 지역과 티베트 고원 같은 고산지대에 나타난다.

영구동토층은 2년 이상 영하의 온도를 유지하는 땅으로, 마치 냉동고 안에 딱딱하게 얼어 있는 소고기처럼 꽁꽁 얼어 있는 땅이다. 이런 영구동토층의 차가운 땅속 온도는 가스하이드레이트가 존재할 수 있는 조건을 제공한다. 북극 지역에서 영구동토층은 최대 지하 600m 깊이까지 분포한다. 가스하이드레이트는 영구동토층 안과 그 아래 최대 약 1,100m 깊이까지 존재할 수 있다.

영구동토층은 수심 100m보다 얕은 광활한 북극해 대륙붕에도 존재한다(그림 4-13에서 북극해 하늘색 부분). 약 2만 년 전 가장 추운 빙하기 때에는 해수면 높이가 지금보다 120m 이상 낮았다. 바다로 흘러 들어가야 하는 물들이 너무 추워서 얼음(빙하)이 되어 육상에 남아버렸기 때문이다. 두꺼운 빙하가 북미와 유럽 대륙을 덮고 있었던 시절이다.

북극해 대륙붕은 당시에는 혹독한 추위에 노출된 육지였다. 그 후에 점차 기온이 따뜻해지면서 육지 얼음이 녹고 해수면이 지금의 높이까지 올라갔다. 올라온 바닷물에 잠겨서 생긴 넓은 북극 대륙붕에는 예전 육지였을 때 생긴 영구동토층과 가스하이드레이트가 아직도 남아 있다. 북극해는 다른 해양에 비해 수온이 낮기 때문에 가스하이드레이트가 약

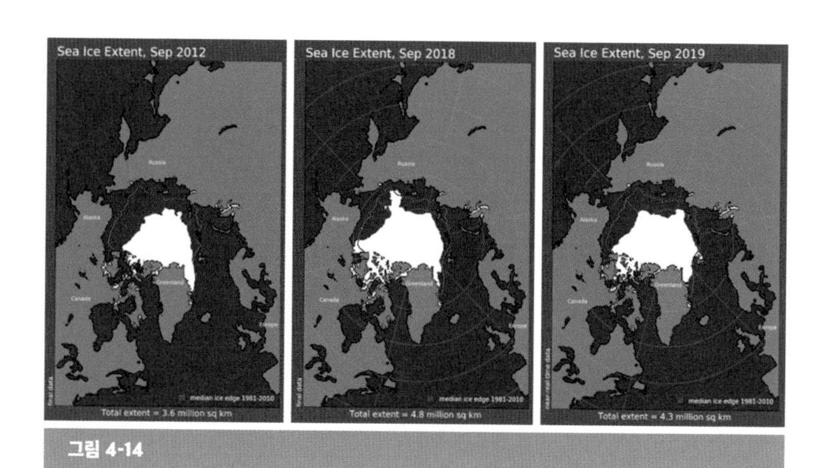

그림 4-14

2012년, 2018년, 2019년 북극의 해빙분포도. 빨간색 선은 지난 50년간 여름철 평균 분포지역(출처 : NSIDC).

300m 수심부터 해저에 존재할 수 있다.

북극 지역은 지난 50년 동안 지구상에서 가장 빠르게 기온이 상승한 지역이다. 2012년 북극해의 바다얼음 면적이 사상 최대로 감소하였고, 이후에도 감소 추세를 계속 유지하고 있다(그림 4-14). 2030년경에는 여름철에 북극의 바다얼음이 없을 것이라는 성급한 예측이 나오기도 한다. 하늘과 바다가 따뜻해지면서 북극의 해저도 빠르게 덥혀지고 있다.

북극의 바닷물이 따뜻해지면, 북극 대륙붕의 해저 영구동토층과 가스하이드레이트가 빠르게 녹고, 수온 상승으로 수심 300m 부근의 해저에 존재하는 가스하이드레이트도 녹는다(그림 4-15). 이렇게 가스하이드레이트가 녹으면 그 속에 갇혀 있던 막대한 메탄가스가 방출되어 대

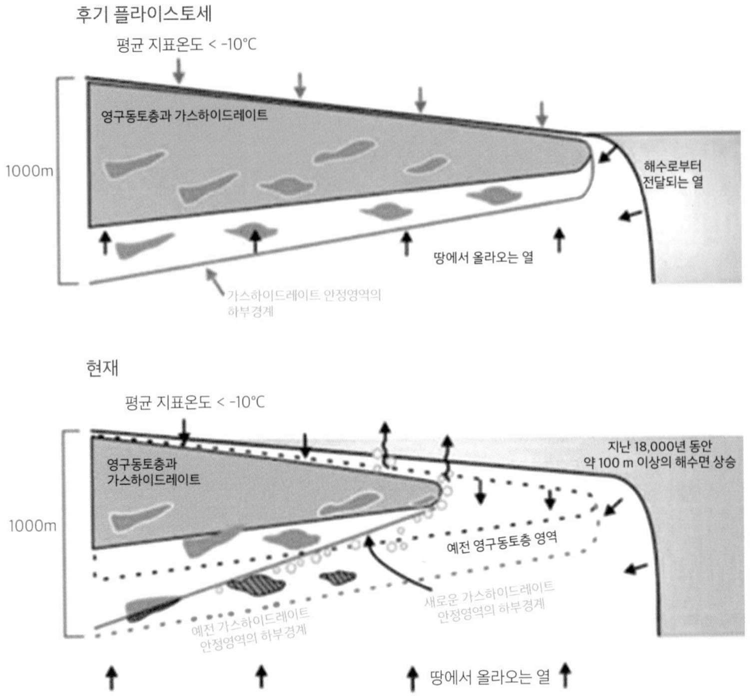

후기 플라이스토세

평균 지표온도 < -10°C

영구동토층과 가스하이드레이트

1000m

해수로부터 전달되는 열

땅에서 올라오는 열

가스하이드레이트 안정영역의 하부경계

현재

평균 지표온도 < -10°C

영구동토층과 가스하이드레이트

1000m

지난 18,000년 동안 약 100 m 이상의 해수면 상승

예전 영구동토층 영역

새로운 가스하이드레이트 안정영역의 하부경계

예전 가스하이드레이트 안정영역의 하부경계

땅에서 올라오는 열

그림 4-15

(위 그림) 약 2만 년 전 마지막 최대 빙하기 때 형성된 육상의 영구동토층(회색 영역)과 가스하이드레이트(주황색 영역). (아래 그림) 현재 해수면이 높아지면서 바닷물에 잠겨 영구동토층과 가스하이드레이트가 녹기 시작했다.

기 중으로 들어가 지구온난화를 가속화시킬 수 있다.

앞에서 살펴봤듯이 2010년 《사이언스》에 발표된 논문에 의하면, 북극해 동시베리아 대륙붕 연안 지역의 해수에서 다른 바다에 비해 무려 8배나 높은 메탄 농도가 측정되었다. 이 논문은 동시베리아해 대륙붕에

그림 4-16

북극해에서 탐사 중인 쇄빙연구선 아라온호.

서만 지구 전체 바다에서 방출되는 메탄의 총량과 맞먹을 정도의 메탄이 방출될 수 있다고 주장하였다. 북극 대륙붕의 영구동토층과 가스하이드레이트가 녹으면서 막대한 양의 메탄을 방출하기 때문에 이런 높은 메탄 농도가 관측되었다고 해석하였다.

메탄은 이산화탄소에 비해 25배나 강력한 온실가스이기 때문에, 북극해에서의 대규모 메탄 방출 현상은 지구온난화를 급격하게 가속화시킬 수 있는 '지구온난화의 시한폭탄'으로 국제사회의 큰 주목을 받고 있다. 과연 북극 해저의 가스하이드레이트가 녹아서 메탄이 방출되는 현상이 지금 실제로 일어나고 있을까?

2009년 10월, 우리나라 최초의 쇄빙연구선 아라온호가 건조되었다. 무게 7,450t, 길이 110m의 종합탐사선으로 다양한 지질, 지구물리, 해양과학 탐사장비를 탑재하고 있다(그림 4-6). 1m 두께의 바다얼음을 시속 3노트(약 5.5km)로 깨면서 항해할 수 있다. 아라온호의 등장은 선진 극지연구 국가들과 견줄 수 있는 남북극해 해양탐사의 시작을 알리는 우리나라 극지활동의 중요한 전환점이었다.

아라온호가 출범하기 3~4년 전부터 첨단쇄빙연구선 아라온호를 가지고 무슨 연구를 할 것인가를 정하기 위해 국내의 많은 연구자들이 의견을 모았다. 북극해 해저 영구동토층과 가스하이드레이트 연구는 과학적인 중요성을 인정받아 아라온호를 이용하는 핵심과제로 선정되었다.

아라온호로 본격적인 탐사 시작

그동안 북극해 지역은 낮은 기온과 두꺼운 바다얼음 때문에 탐사하기가 무척 어려워 북극해 면적의 약 90%에 달하는 해역이 미탐사 지역으로 남아 있었다. 최근에 북극 바다얼음이 급속하게 줄어들면서 이런 지

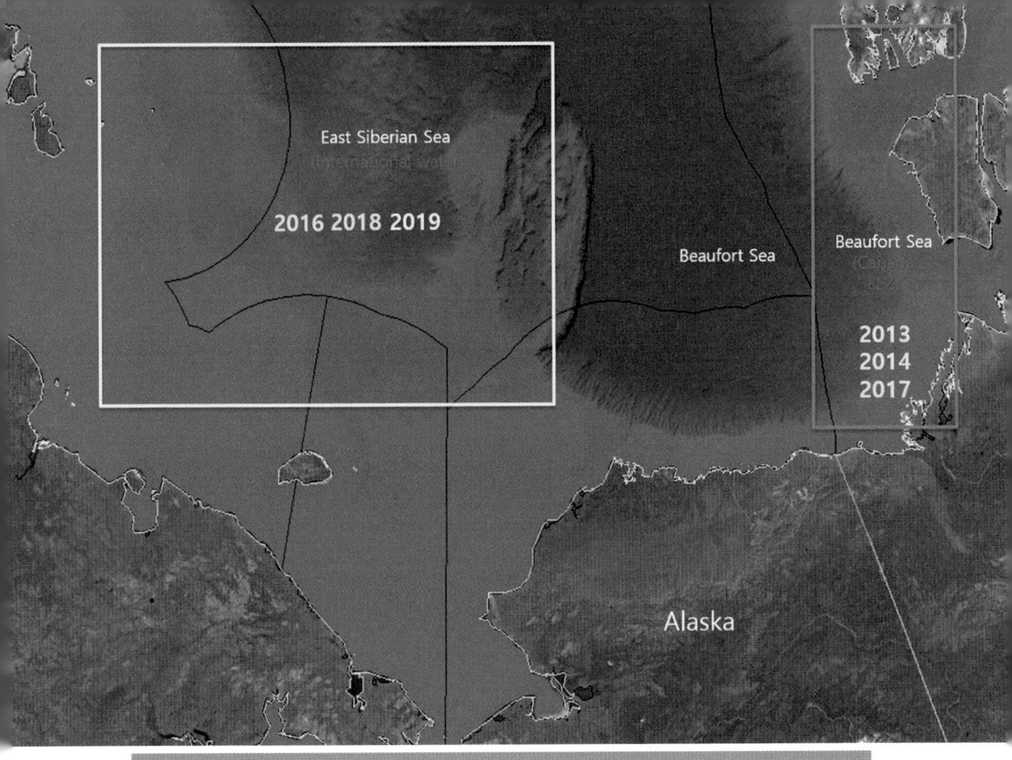

그림 4-17

북극해 아라온호 해저탐사 지역도(2013~2019).

역에서 해저탐사를 할 수 있는 좋은 기회가 만들어지고 있다. 북극해 현장에서 가스하이드레이트가 어디에 얼마나 있는지, 그리고 정말로 해저 영구동토층과 가스하이드레이트가 녹아서 해저에서 메탄이 대규모로 방출되고 있는지를 알아내기 위해 아라온호가 북극해에서 본격적인 탐사를 시작했다.

북극해의 면적은 한반도 면적의 약 60배에 달한다. 이 넓은 북극해에서 우리가 연구하는 지역은 러시아와 알래스카 사이의 베링 해협을 지나 북쪽으로 진입하면 도착하는 서북극해 일대이다. 우리나라에서 가장 빨리 진입할 수 있는 북극해이다. 연구 지역은 크게 두 지역으로 나누어진다. 베링 해역의 북쪽 연장선을 기준으로 동쪽의 보퍼드해, 그리고 서쪽의 척치해와 동시베리아해 지역이다. 아라온호는 2013년, 2014년, 2017년에 보퍼트해 지역, 2016년, 2018년, 2019년에 척치해와 동시베리아해를 탐사하였다(그림 4-17).

현재 북극해의 약 70% 면적이 북극 연안 5개국(러시아, 캐나다, 미국, 노르웨이, 그린란드)이 관할하는 수역에 속한다(그림 4-18). 아라온호의 첫 번째 북극 해저탐사는 2013년 캐나다 배타적 경제수역EEZ : Exclusive Economic Zone에 속하는 보퍼트해에서 실시되었다. '온난화의 시한폭탄'으로 주목받고 있는 북극해 대륙붕과 대륙사면 지역에서 일어나는 가스하이드레이트와 해저 영구동토층의 해리현상으로 인해 해저에서 메탄 방출 현상이 일어나는지를 확인하는 탐사였다. 이를 위해 한국의 극지연구소와 캐나다 정부연구소인 지질조사소Geological Survey of Canada가 주도하는 10년의 장기 프로그램인 한-캐-미 보퍼트해 국제공동연구탐사가 시작되었다.

2010년부터 한국과 캐나다의 두 연구기관은 연구계획서를 작성하고, 아라온호가 캐나다의 배타적 경제수역에 들어가서 탐사를 할 수 있도록 여러 가지 준비 작업을 하였다. 우리 연구선이 다른 나라 수역에 들어

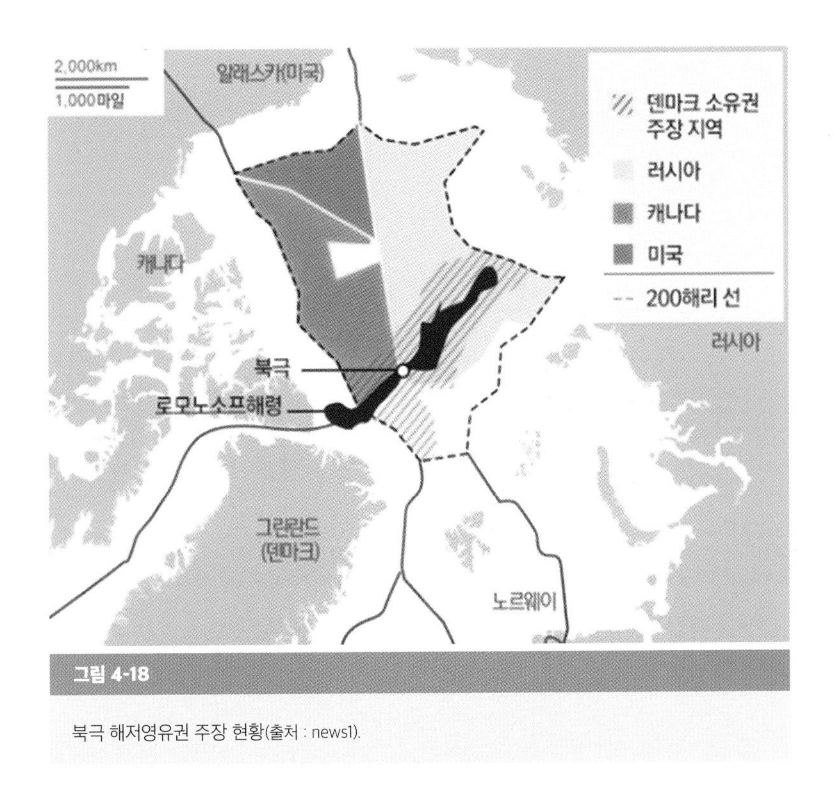

그림 4-18

북극 해저영유권 주장 현황(출처 : news1).

가서 해저탐사를 하는 것은 무척 어려운 일이다. 이는 다른 나라 연구선이 우리나라 동해에 들어와 탐사해서 우리 바다 밑의 해저 지질정보를 가져가는 것과 같다. 두 나라의 긴밀한 협력을 바탕으로 우리의 우수한 연구능력을 인정받아야만 가능한 일이다. 우수한 탐사장비를 갖춘 쇄빙연구선 아라온호를 보유하고 있는 것이 캐나다 해역에서 공동탐사를 성사시킨 가장 큰 요인이다.

Note No. [illegible]

The Department of Foreign Affairs, Trade and Development presents its compliments to the Embassy of the Republic of Korea and has the honour to refer to its diplomatic note no. 17-59 dated April 18 2017 requesting diplomatic clearance for the Korean Polar Research Institute vessel ARAON to undertake marine scientific research in areas under the jurisdiction of Canada from August 30 – September 12, 2017.

The Department is pleased to confirm that the Government of Canada grants its consent to the ARAON to enter waters under the jurisdiction of Canada for the purpose of maritime scientific research during the abovementioned periods.

The Government of Canada strongly encourages the researchers to follow through on their proposal to include local community participants as marine mammal observers. In addition, the Canadian Hydrographic Service would be particularly interested in acquiring all bathymetric data collected as part of this cruise. A document containing instructions regarding the format and submission of this data is attached.

The Department wishes to remind the Embassy of Canada Border Services Agency (CBSA) marine reporting requirements.

The Department of Foreign Affairs, Trade and Development avails itself of this opportunity to renew to the Embassy of the Republic of Korea the assurances of its highest consideration.

OTTAWA, August 18, 2017

그림 4-19

캐나다 정부에서 발행한 캐나다 보퍼트해에서의 아라온호 해양탐사 허가서.

캐나다 보퍼트해에서 아라온호가 탐사를 수행하기 위해서는 크게 세 가지 분야의 허가를 받아야 한다. 아라온호가 캐나다 수역에서 연구탐사를 수행할 수 있는 캐나다 정부의 해양과학탐사허가, 캐나다 수역에서의 각종 선박운행기준을 충족시키는 아라온호의 운행허가, 그리고 아라온호 탐사에 대한 환경영향평가이다.

해양과학탐사 신청서는 국제해양법과 캐나다 정부의 규정에 의해 통상 탐사 6개월 전에 우리나라 정부를 통해 캐나다 정부에 제출하고 허가를 받는다(그림 4-19). 그리고 아라온호가 캐나다 정부의 기준에 맞

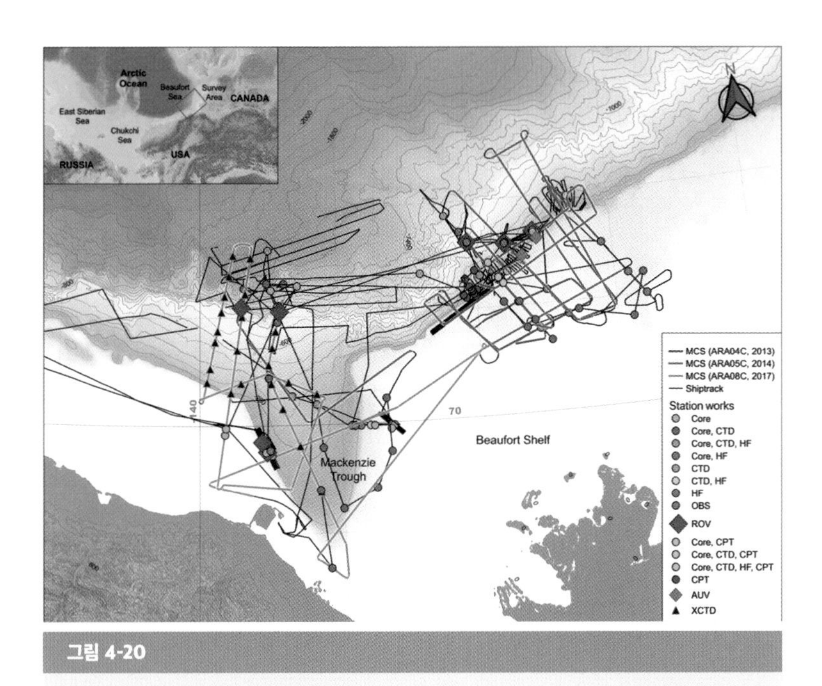

그림 4-20

캐나다 북극 보퍼트해 국제공동연구탐사 측선 및 시료정점(2013, 2014, 2017).

춰 운행할 수 있다는 것을 증명하기 위해 국제 기준의 각종 공인선박 증명서들을 제출해야 한다. 다음은 캐나다 북극지역에 사는 원주민 사회로부터 탐사허가를 받는 일이다. 우리 탐사가 고래와 같은 해양 포유류에게 영향을 주지 않는다는 과학적 근거를 제시하고 각 지역을 다니면서 설명을 한 후 허가를 받아야 한다. 원주민 사회와의 소통은 캐나다 지질조사소에서 맡아 많은 수고를 해주었다. 약 2년여의 준비를 마치고 첫 아라온호 보퍼트해 탐사가 성공적으로 실시되었다. 이후의 탐사는 순조

롭게 진행되었다.

우리가 탐사하는 캐나다 보퍼트해 지역은 보퍼트해 중에서 남쪽 지역에 속한다. 캐나다와 미국 알래스카의 국경에 가깝다(그림 4-20). 크게 맥켄지강을 중심으로 동쪽 지역과 서쪽 지역으로 다시 나눌 수 있다. 탐사지역의 남쪽 육지 지역에는 2002년과 2007년 두 차례에 걸쳐 세계 최초로 영구동토층에서 가스하이드레이트 시험생산에 성공한 말릭 시추지역이 위치한다. 또한 맥켄지강 동쪽 지역의 대륙붕과 대륙사면은 석유와 가스자원이 풍부하게 매장된 지역으로 알려져 있다. 이미 세계적인 석유회사들이 이 지역에 광구개발권을 조밀하게 설정해놓은 곳이다. 아라온호 탐사는 과학적 목적을 가진 탐사이기 때문에 이 회사들의 광구지역을 지나면서 자유롭게 자료와 시료를 획득할 수 있다.

말릭 지역에서 멀지 않은 해역이지만, 아라온호 탐사가 시작된 2013년 이전까지는 캐나다 보퍼트해에서 가스하이드레이트에 대한 어떤 증거도 발견되지 않았다(그림 4-1). 일반적으로 남부 보퍼트해 대륙붕과 대륙사면처럼 석유와 가스가 많이 매장된 지역에는 가스하이드레이트가 존재할 가능성이 매우 높다. 지하 깊은 곳에 석유와 가스가 매장된 지층에는 메탄가스가 많이 들어 있고, 이 메탄가스가 점차 위로 이동하다가 적절한 조건을 가진 지층에 들어오면 물과 만나서 가스하이드레이트를 만들기 때문이다.

넓은 지역을 대상으로 빠르게 가스하이드레이트가 있을 가능성을 알

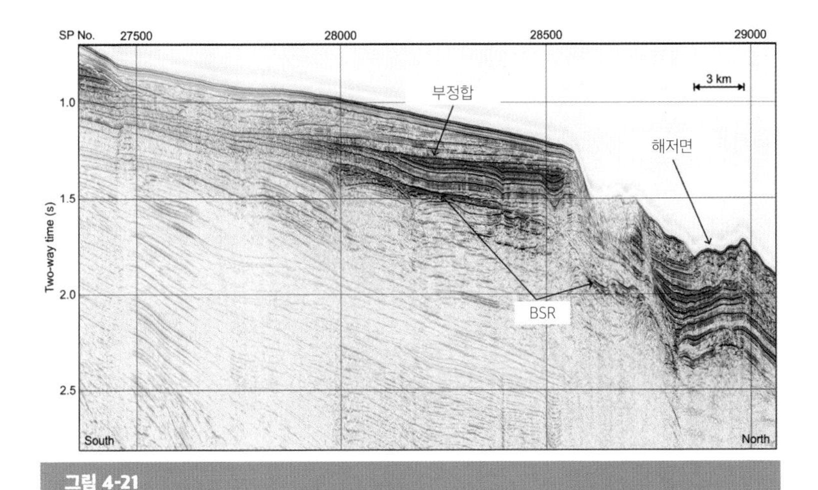

그림 4-21

캐나다 보퍼트해 서부 유콘해역에 발달한 가스하이드레이트 BSR을 보여주는 다중채널 탄성파 단면도.

수 있는 탐사방법은 앞에서 소개한 탄성파 탐사이다. 2013년과 2014년, 두 차례에 걸쳐 수행된 탄성파 탐사에서 획득한 자료에는 맥켄지강 동쪽 지역이 석유와 가스 자원이 많은 지역임에도 가스하이드레이트가 있을 가능성을 나타내는 BSR이 관찰되지 않았다. 그러나 동쪽 지역에 비해 석유와 가스 부존 가능성이 떨어져서 관심을 받지 못하던 서쪽 지역의 다중채널 탄성파 자료에 BSR이 잘 발달되어 있었다(그림 4-21). 캐나다 보퍼트해에서는 처음으로 가스하이드레이트의 부존 증거를 찾은 것이다.

획득한 탄성파 자료를 분석해보면 해저면 아래 약 150~200m 깊이

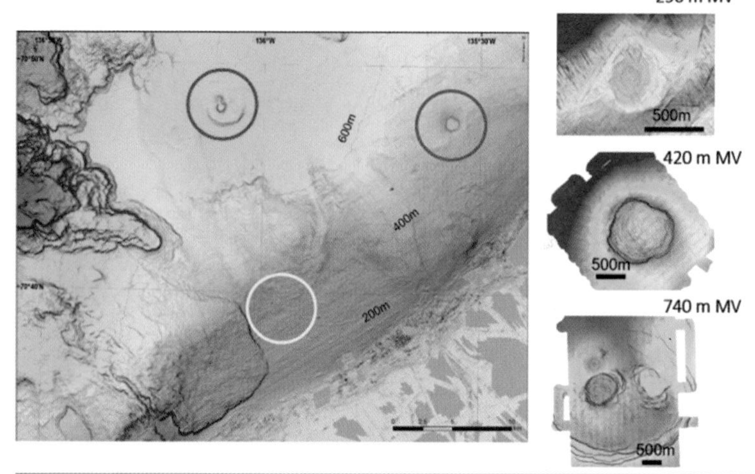

그림 4-22

보퍼트해 대륙사면에 발달한 세 개의 진흙화산 지형도.

에서 BSR이 나타났다. BSR은 가스하이드레이트가 존재할 수 있는 해저 지층의 가장 아래에서 나타나고, 일반적으로 BSR 바로 위 구간에 가스하이드레이트가 집중적으로 분포한다. BSR 부근에 가스하이드레이트가 있는지를 확인하려면 땅속을 직접 뚫어서 시료를 채취해야 한다. 하지만 깊은 땅속까지 시추하는 작업은 비용이 매우 많이 들어서 넓은 지역에서의 분포 여부를 탐사하는 단계에서 수행할 수 없다.

깊은 곳까지 시추하지 않아도 가스하이드레이트를 채취할 수 있는 특이한 곳들이 있다. 지하 깊은 곳에 있던 메탄가스가 차가운 바닷물을 만

그림 4-23

보퍼트해 탐사에서 (왼쪽) 자율해저잠수정AUV과 (오른쪽) 원격조정잠수정ROV을 바다로 내리는 모습.

나는 해저면 부근까지 이동해서 가스하이드레이트가 만들어지는 곳이다. 이런 곳에서는 약 5m 길이보다 짧은 해저 바닥의 퇴적물을 채취하는 시추장비로도 가스하이드레이트를 채취할 수 있다. 보퍼트해에도 그런 특이한 지질구조가 있다. 지하 깊숙한 곳에서 용암이 분출해서 화산volcano을 만드는 것처럼, 진흙이 분출해서 진흙화산mud volcano을 만든다. 2010년 이후 캐나다 보퍼트해 대륙사면에서 3개의 진흙화산이 발견되었다. 각각 수심 290m, 420m, 740m에 위치한다. 그 중 420m 수심에 나타나는 가장 규모가 큰 진흙화산은 지름 1,100m, 높이 10m의 정상부가 평탄한 원통형 구조를 가진다(그림 4-22).

2017년 보퍼트해 탐사에는 진흙화산을 비롯한 특이한 지질구조를 정밀하게 연구하기 위해, 세계 최고 수준의 해저 무인탐사 기술을 가진 미국 몬테레이만 해양연구소Monteray Bay Aqualium Research Institute : MBARI의 원격조정잠수정ROV과 자율해저잠수정AUV을 투입하였다(사진 4-23).

ROV는 해저의 영상을 실시간으로 선상에서 보면서 로봇 팔을 조정해서 해저의 시료를 채취할 수 있다. AUV는 미리 프로그램을 입력해서 해저에 장비를 내리면 약 20시간을 스스로 다니면서 정밀 해저지형 자료와 해양특성 자료를 수집할 수 있다.

연구선 위에서는 수백 미터 아래에 있는 해저에 어떤 상황이 일어나고 있는지, 해저에 원하는 시료가 있는지를 알기 어렵다. 이런 해저 무인 탐사 장비를 사용하면 해저의 상황을 영상으로 직접 확인하면서, 정확한 지점에서 시료를 채취하고 해상도가 훨씬 높은 탐사자료를 얻을 수 있다. 이제는 이런 첨단장비를 이용하여 해저를 정밀하게 탐사하는 시대로 접어들었다. 우리나라도 시급히 첨단 해저탐사 기술을 확보해야 한다.

420m 진흙화산에서 활발하게 일어나는 진흙 분출 모습이 ROV 영상에 잘 포착되었다(그림 4-24). 이 진흙화산에서 획득한 해저면 퇴적물 시료에서 가스하이드레이트를 처음으로 획득하였다(사진 4-25). 지하 깊은 곳에서 올라온 진흙에 포함된 메탄가스가 해저면 근처에서 가스하이드레이트를 만든 것이다. 진흙화산에서 얼마나 많은 메탄가스가 나오는지, 가스하이드레이트는 어떻게 만들어지는지를 밝히는 연구가 계속 진행되고 있다.

2016년부터는 탐사지역을 서북극해의 서쪽 지역인 척치해와 동시베리아해로 확대하였다(그림 4-26). 베링 해협을 지나 북극해에 들어서서 동쪽으로 향하면 보퍼트해이고, 서쪽으로 향하면 척치해와 동시베리아

그림 4-24

원격조정잠수정ROV에서 촬영한 420m 진흙화산의 활발한 진흙 분출 작용과 로봇 팔을 이용한 해저지열 측정 모습.

그림 4-25

연중 대기 중으로 방출되는 메탄의 발생원과 방출량(IPCC, 2007)(출처 : Frozen Heat).

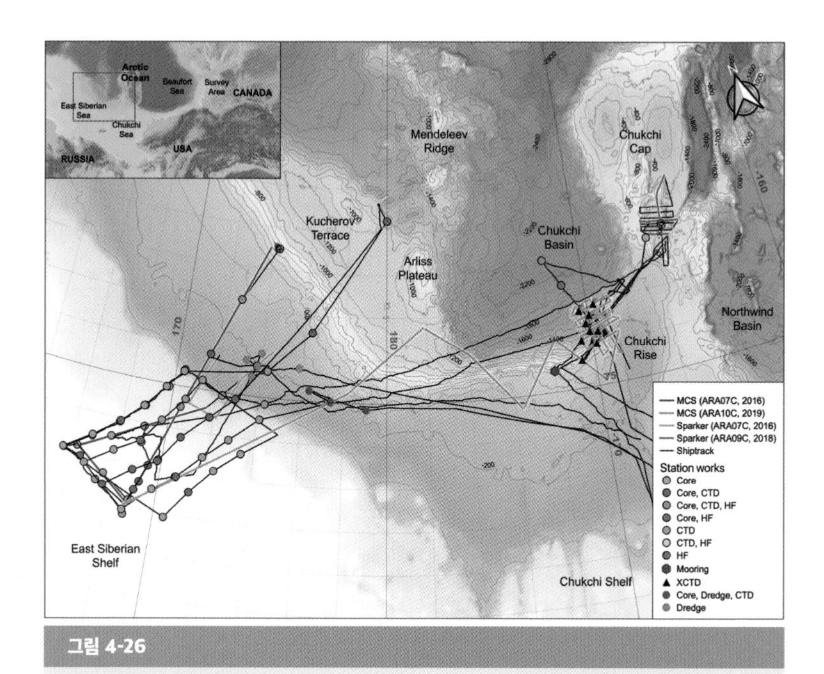

그림 4-26

북극 동시베리아해, 척치해 탐사측선 및 시료정점(2016, 2018, 2019).

해가 나온다. 이 지역에서도 지금까지 가스하이드레이트가 발견되지 않았다(그림 4-1). 새로운 지역에서 가스하이드레이트를 찾는 일은 매우 어렵다. 인근 지역에서 이미 가스하이드레이트가 발견된 유망 지역이라 하더라도 가스하이드레이트를 발견하지 못한 경우가 많다. 가스하이드레이트가 발견된 적이 없고 탐사환경이 열악한 광활한 서북극해 지역에서 가스하이드레이트를 찾는 도전적인 탐사가 시작되었다.

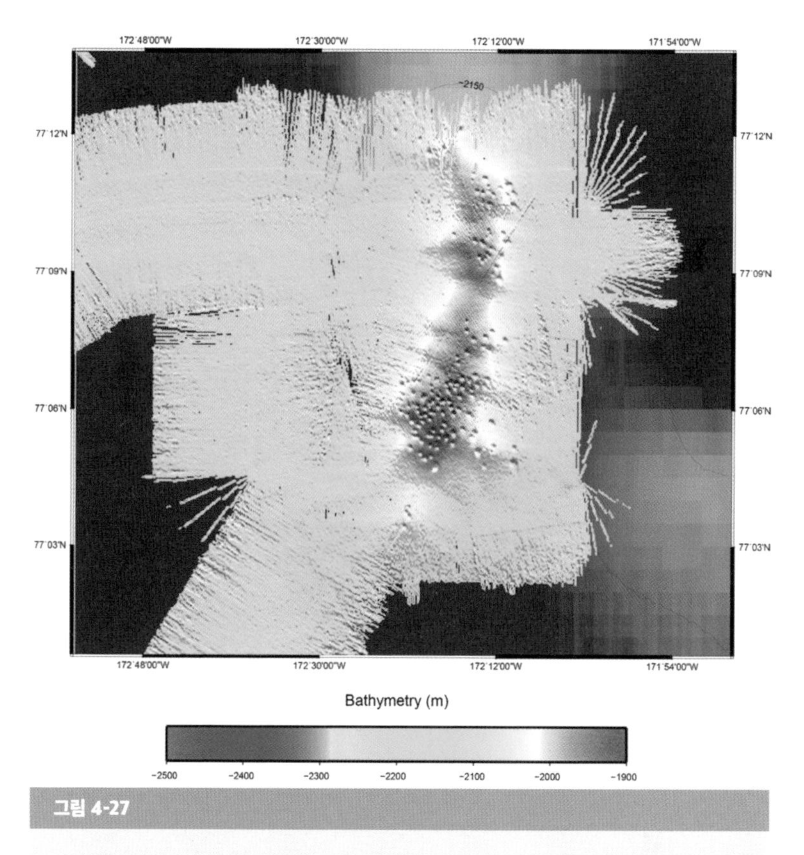

그림 4-27

동시베리아해 해저지형도에 나타난 함몰구조 밀집지역.

현장탐사 전 기존 자료를 이용하여 가스하이드레이트가 있을 만한 지역을 선정하였다. 많지 않지만 기존에 동시베리아해와 척치해에서 얻은 다른 연구팀의 자료와 연구결과를 자세하게 검토하였다. 가장 먼저 검토한 자료는 해저지층의 단면도를 보여주는 탄성파 자료이다. 2007년에 독일 극지연구소팀이 동시베리아해에서, 2011년에 미국 알래스카 대학팀이 척치해에서 각각 탄성파 탐사를 실시하였다. 2011년 알래스카 대학의 탐사에는 우리 극지연구소의 연구원도 참여하였다. 이들 두 기관의 협조로 탄성파 자료를 입수하여 검토하였지만, 가스하이드레이트 증거인 BSR을 찾지 못했다.

다음으로 검토한 자료는 해저지형 자료이다. 해저지형도에서 주변 지형과 달리 원형으로 움푹 파인 함몰구조pockmark나 약간 솟아 있는 언덕구조mound들이 있는 지역을 탐색했다. 함몰구조는 지하 깊은 곳에서 통로를 따라 올라온 가스가 해저면에서 대량 분출되면서 해저지형이 내려앉아 생긴 구조이다. 가스 분출이 일어나지 않고 올라온 가스가 해저면 아래에서 가스하이드레이트를 만든 경우에는 해저면에 솟아오른 언덕구조가 만들어진다. 가스를 많이 가진 이런 구조들에서 가스하이드레이트가 자주 발견된다.

이전 아라온호가 동시베리아해와 척치해 지역을 지나며 얻은 해저지형 자료에서 함몰구조들이 집중적으로 분포하는 네 군데 지역을 찾을 수 있었다(그림 4-27). 함몰구조들은 주로 원형 모양으로 형성되어 있으며, 크기는 직경이 수십 미터에서 500m 정도이다. 오호츠크해에서 가스하이드레이트가 많이 발견됐던 언덕구조는 해저지형 자료에서 찾기 어려웠다.

이렇게 해저지형 자료에서 파악된 함몰구조가 집중적으로 발달한 지역들이 2016년 동시베리아해와 척치해에서 처음으로 실시된 가스하이드레이트 탐사의 목표 지역으로 선정되었다.

북극해 탐사를 어렵게 만드는 가장 큰 복병은 바다얼음과 날씨이다. 바다얼음이 많은 곳에서는 탐사선이 계획대로 항해할 수 없고, 해저로 내리는 탐사장비가 파손되기 쉽다. 또한 나쁜 날씨 속에서 선상에서 탐사장비를 다루고 시료를 채취하는 작업은 매우 위험하다.

북극해에 얼음이 가장 적은 9월 초이지만, 인공위성 해빙자료에는 목표로 선정한 네 군데 함몰구조 집중 지역들 모두 두꺼운 바다얼음에 덮여 있어 접근이 어려운 상황이었다. 그중 바다얼음 상황이 나아 보이는 척치 해저고원 북서부 지역으로 향했다. 현장에 도착했을 때 예상보다 훨씬 촘촘하게 바다얼음이 아라온호 앞을 막고 있었다. 탐사가 불가능한 상황이었다. 이 지역을 떠나 새로운 지역을 찾아야 했다.

한참 남쪽으로 방향을 잡아 항해하는데, 실시간으로 현재 지나고 있는 지점의 해저지형과 퇴적층을 보여주는 천부해저지층 단면도sub-bottom profile : SBP 모니터에 언덕구조들이 나타나기 시작했다. 이 언덕구조들의 모습은 오호츠크해에서 가스하이드레이트를 많이 획득했던 언덕들과 크기와 모양, 그리고 천부지층 형태가 매우 비슷했다. 항해 중인 아라온호를 바로 멈추게 하고, 이런 언덕구조가 더 있는지 찾기 위해 이 지점을 포함한 인근 지역을 대상으로 해저지형과 천부해저지층 탐사를 시

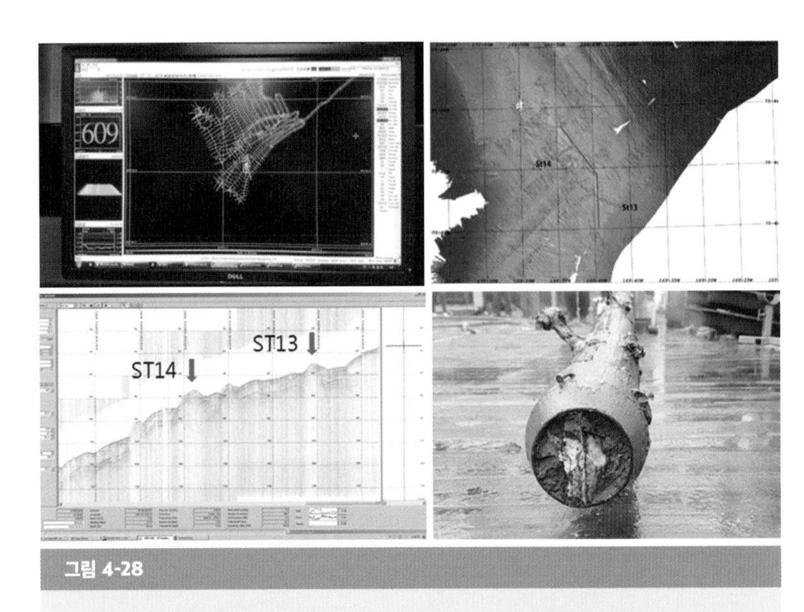

그림 4-28

(위 왼쪽) 아라온호가 해빙을 피해 다니면서 탐사한 모습을 보여주는 항적도, (위 오른쪽) 획득한 다중빔 해저지형도, (아래 왼쪽) 천부해저지층 단면도SBP에 나타난 언덕구조와 퇴적물 시추정점, (아래 오른쪽) ST13 정점에서 퇴적물시추기로 채취한 가스하이드레이트.

작하였다. 바다얼음이 여기저기 나타났지만 비껴가면서 탐사를 진행했다. 얻어진 탐사자료에 5개의 언덕구조가 발견되었다(그림 4-28).

그중 수심 500m에 나타난 가장 뚜렷한 언덕구조의 정상부(그림 4-28의 ST13 정점)를 가스하이드레이트를 찾기 위한 첫 번째 시추정점으로 선정했다. 해저 퇴적물 시추기는 길이 6m, 지름 12cm의 속이 비어 있는 파이프와 파이프 위에 약 1톤 이상의 무거운 추를 달고 있다. 추의 무게로 파이프를 눌러서 수직으로 퇴적층을 뚫고 들어가 퇴적물을 채취하기 때문에 중력시추기gravity corer라고 부른다.

해저로 내렸던 중력시추기가 해수면에 가까이 올라오면서 시추기 끝부분에서 가스 거품이 뿜어져 나왔다. 그리고 아라온호에 올린 시추기의 맨 아래쪽 부분에서 얇은 두께의 하얀 물질, 가스하이드레이트가 채취되었다(사진 4-28). 북극 척치해와 동시베리아해에서 가스하이드레이트가 세계 최초로 모습을 보이는 순간이었다.

첫 번째 시추작업에서 가스하이드레이트가 발견된 것은 천운이라 할 것이다. 수심이 더 깊은 곳에 위치한 또 다른 언덕구조 정상부(ST14)에서도 퇴적물 시추를 시도했지만 발견하지 못했다. 정해진 탐사시간이 다 되어 가스하이드레이트가 이 지역에 존재한다는 중요한 결과를 가지고 다음 탐사를 기약하며 떠났다.

2018년 9월 1일, 2016년에 가스하이드레이트를 최초로 발견한 척치해저고원 남서쪽 대륙사면에 위치한 언덕구조 지역을 다시 찾았다. 제2차 동시베리아/척치해 탐사이다. 2016년보다 바다얼음 상황이 더 좋지 않았다. 이미 가스하이드레이트가 존재한다는 사실이 확인되었기 때문에 가스하이드레이트에 관련된 다양한 종류의 자료를 획득하기 위해 심층적인 탐사가 계획되었다.

가장 먼저 해저지열 탐사를 실시하였다. 땅속의 상황을 전체적으로 살펴보는 방법이다. 우리 몸에 이상이 생기면 먼저 체온을 재는 것과 같다. 특히 가스하이드레이트는 온도(지열)와 압력(깊이)에 민감한 물질이

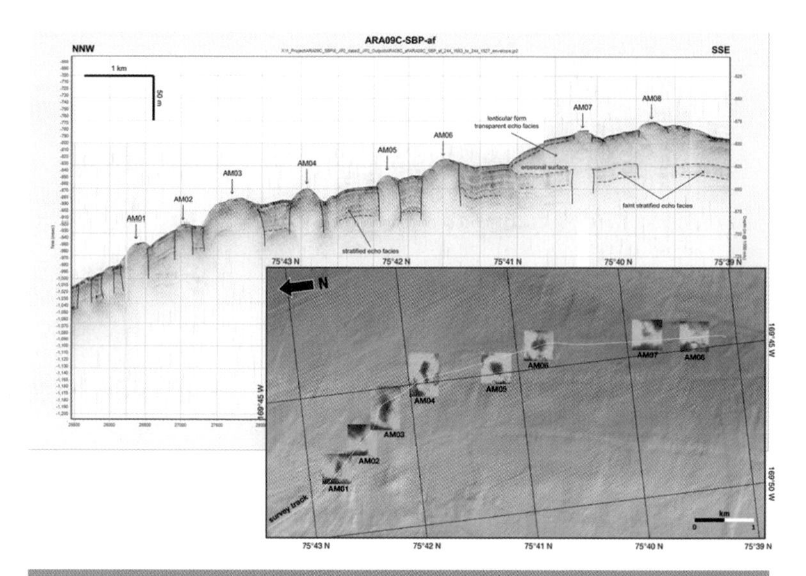

그림 4-29

척치 해저고원 사면에 위치한 해저 언덕구조Araon Mound, AM의 천부지층 단면도와 해저지형도.

다. 온도와 압력 조건을 알면 가스하이드레이트 안정영역을 계산할 수 있다. 측정된 지열값은 이 지역에 분포하는 가스하이드레이트 지층의 두께를 알아내고 탄성파 탐사자료에 나타나는 BSR을 판별할 수 있는 중요한 자료이다.

이어서 정밀해저지형과 천부지층 탐사가 이어졌다. 새롭게 3개의 언덕구조가 발견되었다. 총 8개의 언덕이 수심 710m에서 575m 구간에 일렬로 배열하고 있는 모습이 나타났다(그림 4-29). 수심이 깊은 쪽에서부

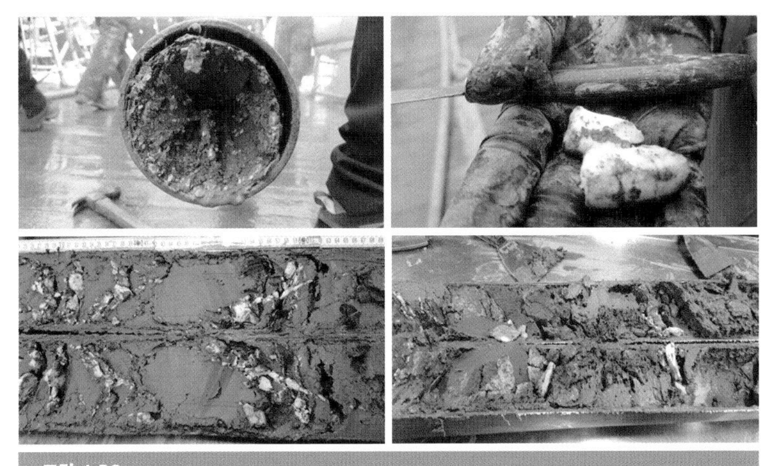

그림 4-30

2018년 언덕구조 AM6에서 퇴적물시추기를 이용해서 채취한 가스하이드레이트.

터 얕은 쪽으로 아라온호가 발견한 언덕구조라는 의미에서 AM1Araon Mound1에서 AM8까지 이름을 붙였다.

AM6은 2016년에 가스하이드레이트를 채취한 언덕구조이다. 이 구조에서 다시 한 번 가스하이드레이트를 채취하기 위한 퇴적물 시추작업이 시도되었다. 선상에 올라온 퇴적물에서 가스가 많이 든 퇴적물에서 나는 황화수소 냄새가 강했지만, 가스하이드레이트는 보이지 않았다.

다시 천부지층 자료를 정밀하게 분석하여 정점 위치를 약 70m 북쪽으로 이동한 후 퇴적물시추기를 내렸다. 선상에 올라온 약 3.5m 길이의 시추파이프 속에는 가스하이드레이트가 퇴적물 속 여기저기에 모습을 드러내고 있었다(그림 4-30). 2년 전 얇게만 모습을 보였던 것에 비해서 훨씬 많은 가스하이드레이트가 채취되었다. 언덕구조 AM6의 정상부 해저면 부근에 가스하이드레이트가 대량으로 형성되어 있음을 보여준 것이다. 채취한 가스하이드레이트를 연구선의 실험실에서 손에 올려 불을 붙이자 강한 불꽃이 일어났다. 연구원들이 '불타는 얼음' 가스하이드레이트의 실체를 실감하는 순간이었다.

또 다른 언덕구조 AM3에서도 가스하이드레이트를 채취하는 데 성공하였다. 다른 지역에서는 수십 번 이상의 시추를 해도 가스하이드레이트를 획득하지 못하는 경우가 많은데, 이 언덕구조들에는 가스하이드레이트가 만들어지는 현상이 매우 활발한 것 같다.

2019년 3차 탐사에서는 채취한 가스하이드레이트를 -170°C가 유지되는 액체질소로 채워진 특수 보관통에 넣어서 국내 실험실까지 운반하였다.

2018년 2차 탐사에서는 언덕구조가 나타나는 지역을 중심으로 넓은 지역에서의 가스하이드레이트 분포를 알아보기 위해 다중채널 탄성파 탐사MCS를 계획하였다. 아라온호에 탑재된 MCS 장비는 지하 4~5km까지의 해저 퇴적층을 투과할 수 있는 성능을 가지고 있다. 하지만 현장에 도착했을 때 바다얼음이 너무 많았다(그림 4-31). MCS 탐사를 하기 위해서는 길이 1.5km의 케이블(스트리머)을 바다로 내려서 해저 지층에서 반사되어온 탄성파 신호를 수신하여야 하는데 바다얼음이 많으면 큰

그림 4-31

2018년(왼쪽)과 2019년(오른쪽) 동시베리아해와 척치해 해빙 분포도와 현장 사진.

방해를 받는다. 뿐만 아니라 자료의 질이 매우 나빠지고, 바다얼음에 의해 스트리머가 파손된다.

MCS 탐사를 취소하고, 대신 150m 길이의 스트리머를 쓰는 이동용 탄성파 탐사인 스파커sparker 탐사로 대체하였다. 이 방법은 스트리머가 짧기 때문에 바다얼음 사이를 빠져나가면서 탐사를 할 수 있는 장점이 있다. 하지만 짧은 스트리머와 작은 신호를 이용하기 때문에 약 200m 깊이의 퇴적층까지만 탐사할 수 있다는 한계가 있다.

이 지역에서 획득한 해저지열 탐사자료를 분석한 결과에 의하면 가스

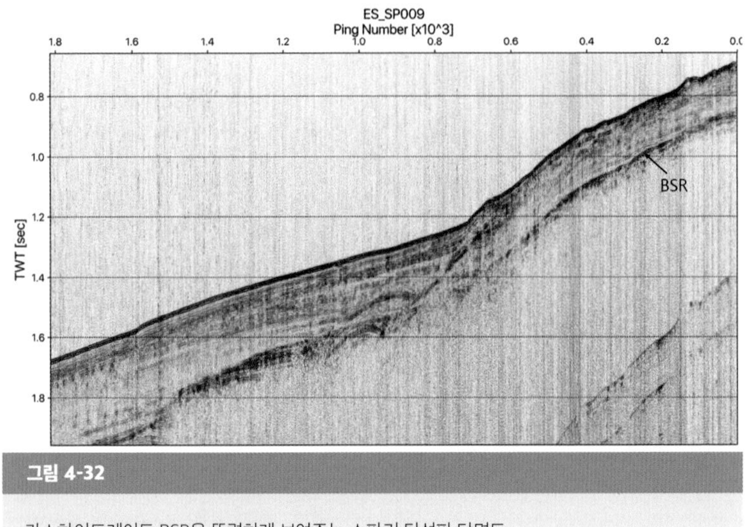

그림 4-32

가스하이드레이트 BSR을 뚜렷하게 보여주는 스파커 탄성파 단면도.

하이드레이트가 있다는 증거인 BSR이 약 150m 깊이에서 나타날 것으로 예상되기 때문에 스파커 탐사자료에서도 가스하이드레이트의 BSR을 탐지할 수 있었다(그림 4-32).

2019년 여름, 세 번째로 이 지역을 찾았다. 이번 탐사의 가장 중요한 목표는 MCS 탐사자료를 획득하는 것이다. 바다얼음이 많았던 전해와는 확연히 다르게, 주변에 바다얼음이 전혀 없어 보였다. MCS 탐사를 하기에 최적의 환경이있다.

7일에 걸쳐 바둑판 격자처럼 설정한 측선을 따라 MCS 탐사를 성공적으로 진행하였다(그림 4-33). 얻어진 MCS 단면도에서는 전해에 스파

그림 4-33

북극해에서 수행중인 아라온호 MCS 탐사 장면. (왼쪽) 강력한 신호를 발생시키는 에어건 장비, (오른쪽) 해저에서 반사되어오는 신호를 수신하는 1.5km 길이의 스트리머 장비.

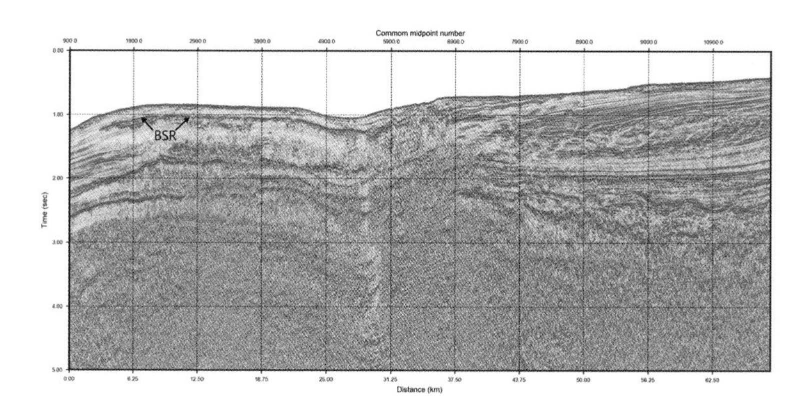

그림 4-34

BSR과 해저면 하부 약 5km까지의 지층구조를 보여주는 MCS 단면도.

그림 4-35

2017년 아라온호 보퍼트해 국제 공동탐사에 참여한 승선 연구원들.

커 탐사에서 확인한 BSR이 더욱 뚜렷하게 나타났고, 약 5km까지의 심부지층 구조를 볼 수 있었다(그림 4-34).

MCS 자료를 분석하면 스파커 자료로는 수행할 수 없는 가스하이드레이트층의 특성과 가스하이드레이트 함유율 등을 알 수 있다. 아라온호의 북극해 탐사를 통해 우리 연구팀은 서북극해에서 최초로 가스하

이드레이트를 채취하고, 가스하이드레이트가 이 지역에 광범위하게 분포되어 있다는 사실을 밝혔다. 앞으로 탐사지역을 확대해가면서 북극해의 가스하이드레이트 분포와 매장량, 급격한 북극 온난화에 의해 가스하이드레이트가 어떻게 변동할지에 대한 연구를 계속해나갈 예정이다.

쇄빙연구선 아라온호를 이용하는 북극해 해저탐사는 우리나라가 주도하는 국제 공동연구 프로그램이다. 2013년부터 시작된 캐나다 수역에 속하는 보퍼트해 탐사에는 한국, 캐나다, 미국이 주도적으로 참여하고, 2016년부터 계속되고 있는 동시베리아해와 척치해 탐사에는 한국, 러시아, 일본이 참여하고 있다(그림 4-35).

매년 8월 말, 여름이지만 제법 쌀쌀한 미국 알래스카의 최북단 항구 도시인 배로우 앞바다에는 당당한 모습의 아라온호가 정박해 있다. 남극점과 북극점을 모두 정복한 아문젠Amundsen의 동상이 북극해를 바라보고 있는 배로우에서, 우리 연구원들은 아라온호를 타고 북극해 해저의 비밀을 찾으러 출발한다.

마치는 글

오랫동안 남북극해와 오호츠크해를 다니면서 해저에 있는 가스하이드레이트를 찾았습니다. 가스하이드레이트를 손에 들고 불을 붙여보는 놀라운 경험도 하였습니다. 현실에 등장한 이 신기한 물질을 학생들과 일반인들에게 소개하고 싶었습니다.

그래서 '극지과학자가 들려주는 불타는 얼음 이야기'란 제목으로 책을 써보겠다고 발간신청서를 제출하였습니다. 벌써 5년 전의 일이었습니다. 처음에 열심히 썼던 원고는 딱딱한 교과서 형식으로 작성되어 교양서로는 적합하지 않았습니다. 매년 꺼내서 원고를 보완했지만, 새로운 내용은 더 많아지고 부지런함은 모자랐습니다. 이제야 부족하지만 책을 마무리하게 되었습니다. 관심이 있는 학생들과 일반인들에게 가스하이드레이트을 이해할 수 있는 기본적인 지식과 극지연구소에서 수행하고 있는 가스하이드레이트 탐사에 대한 이야기를 적어보았습니다.

이 책을 쓰면서 눈과 강풍이 몰아치는 혹독한 남극의 바다와 녹색의 오로라가 밤하늘에서 춤추는 북극의 바다로 돌아가 봅니다. 그곳에는 언제나 함께했던 많은 동료 연구원들이 있었습니다. 이 책에서나마 이들의 헌신적인 노고에 감사드릴 수 있어 기쁘게 생각합니다.

수많은 동료 연구원들의 이름은 현장활동 사진으로 대신합니다. 남극과 북극, 오호츠크해에서 훌륭한 항해를 해주었던 연구선 온누리호, 유즈모게올로기야호, 라브렌티에프호와 아라온호의 선장님과 승조원들의 헌신적인 지원에도 감사드립니다. 함께 연구선을 타고 국제 공동탐사를 같이했던 일본의 Hitoshi Shoji 교수님과 Hirotsugu Minami 교수님, 러시아의 Boris Baranov 박사님과 Anatoly Obzirov 박사님, 캐나다의 Scott Dalimore 박사님과 Mathieu Duchesne 박사님, 미국의 Charles Paull 박사님, 독일의 Michael Niedel 박사님께도 감사를 드립니다. 마지막으로 수많은 여름과 겨울을 같이하지 못했던 사랑하는 가족들에게 깊은 감사를 드립니다.

용어 설명

◈ 빙상ice sheet

5만km^2 이상의 넓은 육지 면적을 덮은 상당한 두께의 얼음체. 현재 지구상에는 남극대륙과 그린란드에만 있다. 남극 빙상의 평균 두께는 2,250m이고 최대 3,000m를 넘는다.

◈ 지온상승률geothermal gradient

지하 심도가 깊어짐에 따라 온도가 상승하는 비율. 지구 내부의 뜨거운 지열이 외부로 전달되기 때문에 발생한다. 지역에 따라 지열류량과 암석의 열전도율이 다르므로 상승률도 다르게 나타난다. 지표 근처에서 평균 지온상승률은 약 25~30℃/km이다.

◈ 카이퍼Kuiper 소행성대astroid belt

해왕성 바깥에서 태양을 도는 작은 천체들의 집합을 말한다. 태양과 지구의 거리AU의 30~50배에 달하는 곳에 위치한다. 주로 물과 얼음으로 된 작은 천체이다.

◈ 포화도concentration, degree of saturation

혼합물의 총량 중에 어떤 성분의 양을 나타내는 비율.

◈ 온실가스greenhouse gas

대기권에서 적외선의 일부를 흡수하고 재방출하는 기체로, 지구온난화를 일으키는 온실효과의 주원인이다. 주요 온실가스로는 수증기, 이산화탄소, 메탄 등이 있다.

◈ IPCCIntergovernmental Panel on Climate Change

1988년 기후변화와 관련된 전 지구적 위험을 평가하고 국제적 대책을 마련하기 위해 세계기상기구WMO와 유엔환경계획UNEP이 공동으로 설립한 유엔 산하 국제 협의체이다. 기후 변화 문제의 해결을 위한 노력이 인정되어 2007년 노벨 평화상을 수상하였다.

◈ 탄소 동위원소carbon isotopes

동위원소는 원자번호는 같으나 질량이 다른 것을 의미한다. 탄소 동위원소에는 ^{12}C, ^{13}C, ^{14}C 세 종류가 있으며 ^{12}C와 ^{13}C은 안정 동위원소이고, ^{14}C는 방사성 동위원소이다. $^{13}C/^{12}C$ 비를 측정하여 생물 기원과 열 기원 메탄을 구별할 수 있다. ^{14}C는 방사성 동위원소로 5만 년 내외의 젊은 연령을 가지는 시료의 연대측정에 사용된다.

◈ 빙하기glacial age, ice age

지구의 기온이 오랜 시간 동안 하강하여 북반구와 남반구의 빙상이 확장한 시기. 지구는 신생대 4기로 들어서면서 기온이 점차 하강하고 있으며 지난 수십 전부터 현재까지는 약 10만 년 주기로 빙하기와 간빙기를 반복하고 있다. 마지막 빙하기는 약 11만 년 전에 시작되어 1.2만 년 전에 끝났다.

◈ 간빙기interglacial epoch

빙하기 사이에 빙상이 상대적으로 많이 후퇴해 기후가 온난한 시기. 현재는 1.2만 년 전부터 시작된 간빙기가 계속되고 있다.

◈ 탄성파elastic wave

탄성매질을 통하여 탄성진동의 형태로 전파되는 파동. 탄성파의 예로는 공기를 주로 매질로 하는 음파, 물을 매질로 하는 수면파, 지구 내부 물질을 매질로 하는 지진파 등이 있다.

◈ 비저항resistivity

단위길이/면적당 저항으로 물질에 따라 다른 값을 가진다. 비저항의 단위는 Ωm이다. 비저항이 크다는 말은 물질이 전류를 잘 통하지 않는다는 의미이다. 전기탐사는 지하의 비저항분포를 측정하여 지하구조를 알아내는 지구물리 탐사방법이다.

◈ ODPOcean Drilling Program(1985~2003)

대규모 국제 해저지각 시추프로그램. 미국 해양연구소들이 중심이 되어 시추선 'JOIDES Resolution호'를 이용하여 심해저를 시추하여 대양해저의 지각구조나 그 형성과정을 밝히는 데 커다란 공헌을 하였다.

◈ IODPIntegrated Ocean Drilling Program(2003~2013), International Ocean Discovery Program(2013~현재)

ODP에 이어서 수행된 국제 해저지각 시추프로그램. 미국의 시추선 'JOIDES Resolution호', 일본의 시추선 'Chikyu호', 특수 임무형 시추선 등을 이용하여 다양한 지역에서 해저지각 시추작업을 수행하고 있다.

◈ 원격조정 잠수정Remotley-Operated Vehicle : ROV

사람이 타지 않고 원격으로 조정되는 심해자원 탐사 및 개발용 무인잠수정. 모선에 장착된 컨트롤러Controller를 통해 원격으로 제어가 가능하여 사람이 작업하기 힘든 해저 환경에서 해저 자원의 탐사, 침몰된 선박의 인양 작업, 해저 케이블 설치, 각종 수중 구조물의 설치 및 수리 등에 사용된다.

◈ 자율해저 잠수정Autonomous Underwater Vehicle : AUV

모선과 독립되어 사전 프로그램밍한 위치를 자율적으로 운행하면서 수중탐사를 수행하는 무인잠수정. 특이한 해저구조를 정밀하게 매핑mapping하고 다양한 해양자료를 수집할 수 있다.

◈ 압축천연가스Compressed Natural Gas : CNG

운반의 용이성을 위해 천연가스를 200~250kg/cm^2의 높은 압력으로 압축한 것이다. 경유Diesel와 비슷한 성격을 갖고 있으며, 버스나 청소차 등의 대형차량에 이용되고 있다.

◈ 액화천연가스Liquefied Natural Gas : LNG

메탄이 주성분인 천연가스를 -162℃로 냉각하고 부피를 600분의 1로 압축하여 액화한다. 수송과 저장이 수월하고, 도시가스, 발전용 연료, 화학공업 원료로 쓴다. 이산화탄소 발생량이 적어 청정에너지로 꼽히고 있다.

◈ CTDConductivity, Temperature, Depth

해수의 수심별 온도, 전기전도도 등의 수직구조를 측정하는 장비. 전도도를 측정하여 염분을 구하고, 압력을 측정하여 수심을 구한다. CTD에 용존산소나 ph를 측정하는 센서를 추가로 장착하여 사용하기도 한다.

◈ 배타적 경제수역Exclusive Economic Zone : EEZ

자국 연안으로부터 200해리까지의 천연자원의 탐사·개발 및 보존, 해양환경의 보존과 과학적 조사활동 등 모든 주권적 권리를 행사할 수 있는 유엔 국제해양법상의 수역. 타국 선박이 배타적 경제수역 안에서 조업을 하기 위해서는 연안국의 허가를 받아야 하며, 이를 위반했을 때는 나포拿捕되어 처벌을 받게 된다.

참고문헌

◈ 단행본

1. Makogon, Y.F. (1981). Hydrates of Natural Gas. Penn Well Publishing Company, Tulsa.
2. Max, M.D. (2000). Natural Gas Hydrate in Ocean and Permafrost Environments. 414p. Kluwer Academic Publishers, Dordrecht.
3. Puall, C.K. and Dillon, W.P. (eds) (2001). Natural Gas Hydrates: Occurrence, Distribution, and Detection. 315p. American Geophysical Union, Washington DC.
4. Kennett, J.P., Cannariato, K.G., Hendy, I.L. and Behl, R.J. (2003). Methane Hydrates in Quaternary Climate Change: The Clathrate Gun Hypothesis. 216p. American Geophysical Union, Washington DC.
5. Max, M.D., Johnson, A.H. and Dillon, W.P. (2006). Economic Geology of Natural Gas Hydrate. 341p. Springer, Dordrecht.
6. Judd. A. and Holvland Martin (2007). Seabed Fluid Flow: The Impact on Geology, Biology and the Marine Environment. 475p. Cambridge University Press, Cambridge.
7. Sloan, E.D. and Koh, C.A. (2007). Clathrate Hydrates of Natural Gases, third edition. 721p. CRC Press, Boca Raton.
8. Long, D., Lovell, M.A., Rees, J.G. and Rochelle, C.A. (eds) (2009). Sediment-Hosted Gas Hydrate: New Insights on Natural and Synthetic Systems. The Geological Society, London, Special Publications, 319.
9. Demirbas, A. (2010). Methane Gas Hydrate. 181p. Springer, London.
10. Riedel, M., Willoughby, E.C. and Chopra, S. (eds) (2010). Geophysical Characterization of Gas Hydrates. 392p. SEG Geophysical Developments Series No. 14.
11. Giavarini, C. and Hester, K. (2011). Gas Hydrates: Immense Energy

Potential and Environmental Challenges. 175p. Springer, London.

12. Beaudoin, Y. (eds) (2013). Fronzen Heat: A Global Outlook on Methane Gas Hydrates. United Nations Environment Progrmme(UNEP).

13. Max, M.D., Johnson, A.H. and Dillon, W.P. (2013), Natural Gas Hydrate-Arctic Ocean Deepwater Research Potential. 113p. Springer, Cham.

14. Broseta, D., Ruffine, L. and Desmedt, A. (eds) (2017). Gas hydrate 2: Geoscience Issues and Potential Industrial Applications. 284p. Jon Wiley&Sons, Inc, Hoboken.

15. Dallimore, S.R., and Collett, T.S. (2005). Summary and implications of the Mallik 2002 Gas Hydrate Production Research Well Program. In Scientific Results from the Mallik 2002 Gas Hydrate Production Research Well Program, Mackenzie Delta, Northwest Territories, Canada, (S.R. Dallimore and T.S. Collett, eds.) Geological Survey of Canada, Bulletin 585.

16. NETL (2017). Methane Hydrate, Science and Technology: A 2017 Update. 40p. (https://www.netl.doe.gov/sites/default/files/netl-file/2017-Methane-Hydrate-Primer%5B1%5D.pdf)

◈ 논문

17. Bahk, J.J., Chun, J.H., Kim, D.H., Kim, J.H., Torres, M.E., Schultheiss, P., Ryu, B.J., Collett, T.S. and Riedel, M. (2011). Gas hydrate occurrences and their relation to hosting sediment properties: Results from UBGH2, East Sea. 7th International Conference on Gas Hydrates. 8p. Edinburgh, Scotland.

18. Biastoch, A., Treude, T., H. Rüpke, L., Riebesell, U., Roth, C., Burwicz, E.B., Park, W., Latif, M., Böning, C.W., Madec, G. and Wallmann K. (2011). Rising Arctic Ocean temperatures cause gas hydrate destabilization and ocean acidification. Geophysical Research Letters, 38, L08602, doi:10.1029/2011GL047222.

19. Boswell, R. and Collett, T. (2006). The Gas Hydrates Resource Pyramid. Fire in the Ice Newsletter 6(3), 5-7.

20. Boswell, R., Collett, T.S, Frye, M., Shedd, B., McConnell, D. and Shelander, D. (2012). Subsurface gas hydrates in the northern Gulf of Mexico. J. Mar. Pet. Geol., 34, 4-30.

21. Brand, U., Blamey, N., Garbelli, C., Griesshaber, E., Posenato, R., Angiolini, L., Azmy, K., Farabegoli, E. and Came, R. (2012), Methane Hydrate: Killer cause of Earth's greatest mass extinction. Paleoworld, 25, 496-507.

22. Collett, T.S., Johnson, A., Knapp, C. and Boswell, R.. (2009). Natural Gas Hydrates: A Review. In Natural Gas Hydrates - Energy Resource Potential and Associated Geologic Hazards, (eds.) T. Collett, A. Johnson, C. Knapp, and R. Boswell; AAPG Memoir 89, 146-219.

23. Collett, T.S., Cochran, J., Boswell, R., Kumar, P. and Sathe, A. (2008). Indian Continental Margin Gas Hydrate Prospects: Results of the Indian National Gas Hydrate Program (NGHP) Expedition 01. Paper 5365. Proceedings of the 6th International Conference on Gas Hydrates (eds. P. Englezos and J. Ripmeeser). 10 p. Vancouver, Canada.

24. Dickens, G.R., O'Neil, J.R., Rea, D.K. and Owen, R.M. (1995). Dissociation of oceanic methane hydrates as a cause of the carbon isotope excursion at the end of the Paleocene. Paleoceanography, 10(6), 965-972

25. Gerber, P.J., Steinfeld, H., Henderson, B., Mottet, A., Opio, C., Dijkman, J., Falcucci, A. and Tempio, G. (2013). Tackling Climate Change Through Livestock. Rome: Food and Agriculture

Organization of the United Nations (FAO).

26. Grover, T., Moridis, G.J. and S. Holditch, (2008), Analysis of Reservoir Performance of the Messoyakha Hydrate Reservoir, Paper SPE 114375, presented at the 2008 SPE Annual Technical Conference and Exhibition, Denver, Colorado, September 21-24, 2008.

27. Hammerschmidt, E.G. (1934). Formation of Gas Hydrates in Natural Gas Transmission Lines. Ind. Eng. Chem., 26, No. 8, 851-855.

28. Jin Y. K., Kim, Y.-G., Baranov, B., Shoji, H. and Obzhirov, A. (2011). Distribution and expression of gas seeps in a gas hydrate province of the northeastern Sakhalin continental slope, Sea of Okhotsk. Marine and Petroleum Geology, 28, 1844-1855.

29. Jin, Y.K., Lee, M.W., Kim Y., Nam, S.H. and Kim, K.J. (2003). Gas hydrate volume estimations on the South Shetland continental margin, Antarctic Peninsula. Antarctic Science, 15, 271-282.

30. Kim, Y.-G., Kim, S., Lee, D.-H., Lee, Y.M., Kim, H.H., Kang, S.-G. and Jin, Y.K (2020). Occurrence of active gas hydrate mounds in the southwestern slope of the Chukchi Plateau, Arctic Ocean. Episodes, 43(2), https://doi.org/10.18814/epiiugs/ 2020/020053.

31. Krey, V., Canadell, J.G., Nakicenovic, N., Abe, Y., Andruleit, H., Archer, D., Grubler, A., Hamilton, N.T.M., Johnson, A., Kostov, V., Lamarque, J.-F., Langhorne, N., Nisbet, E.G., O'Neill, B., Riahi, K., Riedel, M., Wang, W. and Yakushev, V. (2009). Gas hydrates: Entrance to a methane age or climate threat? Environ. Res. Lett., 4, 034007, doi:034010.031088/031748-039326/034004/034003/034007.

32. Kvenvolden, K.A. (1993). Gas Hydrates - Geological perspective and global change. Rev. Geophys., 31, 173-187.

33. Milkov, A. (2004). Global estimates of hydrate-bound gas in marine sediments: How much is really out there? Earth-Sci. Rev., 66, 183-197.

34. Moridis, G.J., T.S. Collett, R. Boswell, M. Kurihara, M.T. Reagan, C. Koh and E.D. Sloan, (2009), Toward Production From Gas Hydrates: Current Status, Assessment of Resources, and Simulation-Based Evaluation of Technology and Potential, SPE Reservoir Evaluation & Engineering, 12(5): 745-771.

35. Park, K. (2008). Gas Hydrate Exploration Activities in Korea. Paper 5369. Proceedings of the 6th International Conference on Gas Hydrates (eds. P. Englezos and J. Ripmeeser). 7p. Vancouver, Canada.

36. Paull, C.K., Borowski, W.S. and Rodriguez, N.M. (1998). Marine gas hydrate inventory: Preliminary results of ODP Leg 164 and implications for gas venting and slumping associated with the Blake Ridge gas hydrate field. Geol. Soc. Spec. Publ., 137, 153-160.

37. Riedel, M., Brent, T.A., Taylor, G., Taylor, A.E., Hong, J.-K., Jin, Y.-K. and Dallimore, S.R. (2017). Evidence for gas hydrate occurrences in the Canadian Arctic Beaufort Sea within permafrost-associated shelf and deep-water marine environments. Marine and Petroleum Geology, 81, 66-78.

38. Schoderbek, D. Martin, K.L., Howard, J. Silpngarmlert, S. and Hester, K. (2012). North Slope hydrate field trial: CO_2/CH_4 Exchange. Arctic Technology Conference, Houston, Texas, December 3-5, 2012, 17p.

39. Shakhova, N., Semiletov, I., Salyuk, A., Yusupov, V., Kosmach, D. and Gustafsson, O. (2010b). Extensive methane venting to the atmosphere from sediments of the East Siberian Arctic Shelf. Science, 327, 246-1250.

40. Wadham, J.L., Arndt .S., Tulaczyk, S., Stibal, M., Tranter, M., Telling,

J., Lis, G.P., Lawson, E., Ridgwell, A., Dubnick, A., Sharp, M.J., Anesio, A.M. and. Butler C. E.H. (2012). Potential methane reservoirs beneath Antarctica. Nature, 488, 633-637.

41. Xu, W. and Germanovich, L.N. (2006). Excess pore pressure resulting from methane hydrate dissociation in marine sediments: A theoretical approach. J. Geophys. Res., 111, B01104, doi:01110.01029/02004JB003600.

42. Zachos, J., Pagani, M., Sloan, L., Thomas, E., and Billups, K. (2001). Trends, Rhythms, and Aberrations in Global Climate 65 Ma to Present, Science, 292, 686-693.

그림으로 보는 극지과학 12
극지과학자가 들려주는 불타는 얼음 이야기

지 은 이 | 진영근

1판 1쇄 인쇄 | 2020년 12월 23일
1판 1쇄 발행 | 2020년 12월 28일

펴 낸 곳 | ㈜지식노마드
펴 낸 이 | 김중현
디 자 인 | 제이알컴

등록번호 | 제313-2007-000148호
등록일자 | 2007.7.10
주　　소 | 서울시 마포구 양화로 133, 1201호
전　　화 | 02-323-1410
팩　　스 | 02-6499-1411

이 메 일 | knomad@knomad.co.kr
홈페이지 | http://www.knomad.co.kr

가　　격 | 12,000원

ISBN 979-11-87481-89-8 04450
ISBN 978-89-93322-65-1 04450(세트)